T0281306

Encoder und Motor-Feedback-Systeme

Stefan Basler

Encoder und Motor-Feedback-Systeme

Winkellage- und Drehzahlerfassung
in der industriellen Automation

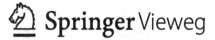 Springer Vieweg

Stefan Basler
Brigachtal, Deutschland

ISBN 978-3-658-12843-2   ISBN 978-3-658-12844-9 (eBook)
DOI 10.1007/978-3-658-12844-9

Die Deutsche Nationalbibliothek verzeichnet diese Publikation in der Deutschen Nationalbibliografie; detaillierte bibliografische Daten sind im Internet über http://dnb.d-nb.de abrufbar.

Springer Vieweg

Gedruckt auf säurefreiem und chlorfrei gebleichtem Papier

Springer Vieweg ist Teil von Springer Nature
Die eingetragene Gesellschaft ist Springer Fachmedien Wiesbaden GmbH

Vorwort

Nahezu überall dort, wo sich in der industriellen Automation Achsen drehen, rotative Bewegungen in lineare oder lineare Bewegungen in rotative umgesetzt werden besteht der Bedarf die Winkellage und/oder die Drehzahl zu messen. Messgeräte die dazu eingesetzt werden bezeichnet man als Encoder, Motor-Feedback-Systeme oder ganz allgemein als Drehgeber. Drehgeber scheinen einfache Gebilde zu sein. Dabei sind sie komplexe, mechatronische Geräte, die einen wichtigen Beitrag für die industrielle Automation leisten, nicht zuletzt hinsichtlich Ressourcen- und Energieeffizienz.

Gibt es bereits Fachbücher zu Drehgebern stellen diese überwiegend die Funktionsprinzipien der Sensorik in den Vordergrund. Insbesondere Beiträge in Sammelwerken für Sensoren konzentrieren sich darauf. Artikel in den branchenüblichen Fachzeitschriften adressieren punktuelle Innovationen einzelner Geräte oder Hersteller und die wissenschaftliche Literatur beschäftigt sich überwiegend mit theoretischen Fragestellungen. Entsprechend war das Ziel mit diesem Werke einen Überblick über möglichst viele Aspekte dieser Geräte und deren Anwendung zu geben. Mit dem Anspruch einen Bogen von der Theorie zur Praxis zu spannen werden die Messaufgaben, die Funktionsprinzipien, Geräte und Anwendungsaspekte behandelt. Insbesondere soll die Lücke geschlossen werden die bis heute hinsichtlich einer dedizierten Betrachtung der Motor-Feedback-Geräte besteht.

Dieses Buch basiert auf und ist motiviert durch den Beitrag von SICK STEGMANN GmbH in dem Buch „Sensoren in Wissenschaft und Technik". Mit der Planung einer neuen Auflage war die Frage verbunden, ob Teile des Buchs nicht als Ausgliederung in der „essentials"-Reihe des Springer-Verlags denkbar wären. Dieses Angebot annehmend hat sich schnell herausgestellt, dass der Rahmen der „essentials" für das Themengebiet zu eng wird, so dass mit dem Verlag zusammen entschieden wurde ein umfänglicheres Werk zu erstellen. Neben der schriftlichen Arbeit ergibt sich eine didaktische Aufarbeitung der Thematik aus der Erarbeitung und Durchführung einer Vorlesung an der HFU Hochschule Furtwangen University im Rahmen des „Mechatronischen Seminars" im Fachbereich Maschinenbau und Mechatronik.

Ein herzliches Dankeschön geht an meine Kollegen aus den Entwicklungs- und Marketingabteilungen der SICK STEGMANN GmbH. Hier möchte ich mich insbesondere an Dr.-Ing. David Hopp, Heiko Krebs, Christian Lohner, Reinhold Mutschler, Dr. Christian Sellmer, Dr. Simon Stein, Trevor Stewart und Rolf Wagner wenden, die das Manuskript aufmerksam studiert und durch Ihre Tipps einen wertvollen Beitrag zu dem Buch geleistet haben. Katharina Hirt danke ich für die Unterstützung bei der Erstellung zahlreicher Grafiken. Dem Verlag und insbesondere dem Lektorat vertreten durch Reinhard Dapper und Andrea Broßler danke ich für die gute Zusammenarbeit.

Ein besonderer Dank gilt meiner Familie: Regina, Sophia und Lena. Ist das Werk auch noch so klein, so hat es doch Zeit in Anspruch genommen, die sonst Ihnen gegönnt gewesen wäre.

Brigachtal   Stefan Basler
November 2015

Inhaltsverzeichnis

Einleitung

1

Zusammenfassung

Encoder und Motor-Feedback-Systeme, oder ganz allgemein, Drehgeber, wandeln einen Winkel zweier sich relativ zueinander drehbarer Objekte in ein elektrisches Signal. Neben gebräuchlichen Begriffen für die Geräte wird eine schematische Sicht auf die Funktionsblöcke eingeführt. Darauf folgt eine Übersicht zu Drehgeberfunktionen und -eigenschaften, die im weiteren Verlauf des Buchs weiter detailliert werden.

Nahezu überall, wo etwas bewegt wird, drehen sich Achsen. Um diese rotatorische Bewegung steuern und regeln zu können, bedarf es Encoder und Motor-Feedback-Systeme. Diese wandeln den Winkel zweier relativ zueinander drehbarer Objekte in ein elektrisches Signal um. Encoder und Motor-Feedback-Systeme unterscheiden sich dabei primär in der Anwendung und sich daraus ergebenden Geräteanforderungen. Während Encoder in allgemeinen Anwendungen zur Erfassung eines Winkels einer Drehachse verwendet werden, sind Motor-Feedback-Systeme speziell für den Einsatz in Elektromotoren[1] ausgelegt. Man kann auch unterscheiden, dass ein Encoder als Lastgeber dient (er misst an der Lastachse) und ein Motor-Feedback-System als Motorgeber (es ist direkt im oder am Elektromotor angebracht).

---

[1] Im industriellen Umfeld können auch nicht elektrisch betriebene rotatorische Aktoren eingesetzt werden. Da aber Elektromotoren am häufigsten vorkommen, wird im Rahmen dieses Buches nur dieser Aktor betrachtet.

© Springer Fachmedien Wiesbaden 2016
S. Basler, *Encoder und Motor-Feedback-Systeme*,
DOI 10.1007/978-3-658-12844-9_1

1

Neben Encoder und Motor-Feedback-Systeme gibt es weitere Begriffe (vgl.
Abb. 1.1). Diese sind teilweise redundant oder bezeichnen spezifische Ausprägungen.
Im Rahmen dieses Buches wird bevorzugt der Begriff Drehgeber verwendet, wenn
es sich um allgemeine Darstellungen handelt. Die Begriffe Motor-Feedback-System
und Encoder werden an den Stellen eingesetzt an denen die Anwendung zu unterscheiden ist. Die weiteren Begriffe werden nur in relevanten Ausnahmen genutzt.

Der Sensorkern eines Drehgebers besteht grundsätzlich aus drei Elementen
(Abb. 1.2; φ: Winkel).[2] Der Sender bringt Energie in das System ein. Der Modulator
verändert die eingebrachte Energie proportional zum mechanischen Winkel und

Abb. 1.1 Begriffe für Sensoren für Winkel und Drehbewegung

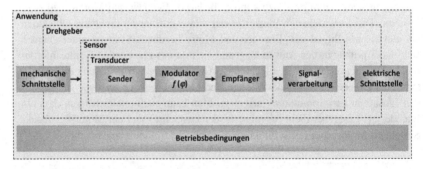

Abb. 1.2 Schematische Darstellung der Funktionsblöcke eines Drehgebers

---

[2] Hier ergeben sich durchaus Parallelen mit der Nachrichtentechnik hinsichtlich der Betrachtung von Sender, Übertragungskanal und Empfänger.

dient somit als Maßverkörperung. Der Empfänger wandelt die modulierte physika-lische Größe in ein elektrisches Signal. Kombiniert mit Signalverarbeitung, elek-trischer und mechanischer Anbindung erhält man einen Drehgeber.

Diese abstrakte Betrachtungsweise hinsichtlich Sender-Modulator-Empfänger lässt sich mittels unterschiedlicher sensorischer Prinzipien umsetzen. In Drehgebern finden sich optische, magnetische, induktive, kapazitive und resistiv-potenziomet-rische Sensorkerne (Kap. 3). Weiterhin kann man nach elektromechanischen und mechatronischen Drehgebern unterscheiden. Bei elektromechanischen Drehgebern sind keine halbleitenden Elemente verbaut, wohl aber bei den mechatronischen. Bei den elektromechanischen Drehgebern stellt der Drehgeber nur den „Trans-ducer" (dt.: Wandler) dar. Die auswertende Einheit steuert Sender und Empfänger und führt alle Maßnahmen zur Winkelauswertung durch. Bei einem mechatroni-schen Drehgeber hingegen geschieht dies alles geräteintern. Die aufbereitete Winkelinformation kann mit geringem Aufwand durch die auswertende Einheit verwendet werden. Auch können durch den Einsatz von Mikrocontrollern Funk-tionen mit Mehrwert bereitgestellt werden, die Drehgeber werden „intelligent". Beispiele finden sich hierzu in Abschn. 5.1.3.

Darüber hinaus haben Drehgeber viele weitere Funktionen und Eigenschaften. Die-se lassen sich in einem morphologischen Kasten übersichtlich darstellen (Tab. 1.1). Details zu all diesen finden sich in den nachfolgenden Kapiteln.

Dieses Buch behandelt Drehgeber, also Geräte zur Erfassung rotativer Posi-tionen. Fast alle Betrachtungen dazu lassen sich auch auf lineare Wegsensoren an-wenden. Schließlich ist – mathematisch gesehen – eine Gerade ein Kreis mit unendlich großem Radius. Bei den Motor-Feedback-Systemen wird in der Praxis begrifflich nicht unterschieden, ob es sich um eine rotative oder lineare Messaufgabe handelt.

Tab. 1.1 Übersicht zu Drehgeberfunktionen und -eigenschaften in einem morphologischen Kasten

Parameter	Ausprägung				
Art der Anwendung	Lagegeber (Encoder)	Motorgeber (Motor-Feedback-System)			
Gerätetopologie	elektromechanisch	mechatronisch			
Codierung	inkremental	absolut	hybrid (inkremental & absolut)		
Messbereich	Teilkreis	Vollkreis (Singleturn)	Mehrere Umdrehungen (Multiturn)		
mechanische Konfiguration des Sensorkerns	berührend	berührungslos			
sensorisches Funktionsprinzip	optisch	magnetisch	induktiv	kapazitiv	resistiv-potentiometrisch
Anordnung des Sensorkerns	reflexiv	transmissiv			
Art der elektrischen Schnittstelle	digital parallel	digital seriell	analog	hybrid	
Kupplungsart	Wellenkupplung	Statorkupplung			
Lagerart	eigengelagert	fremdgelagert (lagerlos)			
Flansch	Servoflansch	Klemmflansch			
Wellenart	Vollwelle	Aufsteck-Hohlwelle	Durchsteckwelle/Hohlwelle	Konuswelle	
Gerätetopologie	Gerät	Kit („Bausatz")			
Elektrischer Abgang	Stecker radial	Stecker axial	Stecker drehbar	Kabel radial	Kabel axial
Funktionale Sicherheit (SIL und PL)	keine/PLa	SIL1/PLb/c	SIL2/PLd	SIL3/PLe	

Messaufgabe 2

Zusammenfassung

Die Messaufgabe von Drehgebern besteht darin die Winkelstellung einer rotativen Achse zu einem Referenzpunkt zu messen und anzuzeigen. In diesem Kapitel werden relevante theoretische und messtechnische Grundlagen gelegt, notwendige Begriffe definiert und in Bezug gesetzt. Dabei wird nicht nur die eigentliche Winkelmessung betrachtet, sondern auch die Erfassung abgeleiteter Größen wie die Drehzahl und die Winkelbeschleunigung.

2.1 Winkel, Drehzahl und Winkelbeschleunigung

In der Trigonometrie (Mathematik der ebenen Geometrie) schließen zwei von einem gemeinsamen Punkt ausgehenden Geraden einen Winkel ein. Im Sinne von Drehgebern ist die Sichtweise besser geeignet wonach ein Winkel die Stellung zweier Schenkel mit der Drehachse als Scheitelpunkt beschreibt, also die Winkelstellung einer Drehachse zu einem Bezugspunkt, bzw. einer Bezugsachse (Abb. 2.1). Im Rahmen dieses Buchs wird der zu messende Winkel mit φ bezeichnet. Das Vorzeichen wird in der Praxis mit der Blickrichtung auf die Drehachse definiert. In der folgenden theoretischen Betrachtung spielt dies aber keine Rolle.

Für Winkel verwendet man die Einheiten Grad und Radiant (das Gon wird hier nicht betrachtet[1]). Dabei hat eine Umdrehung bekanntermaßen 360 Grad

---

[1] Geodätisches Winkelmaß; 1 *Umdrehung* $\widehat{=}$ 400 gon

© Springer Fachmedien Wiesbaden 2016
S. Basler, *Encoder und Motor-Feedback-Systeme*,
DOI 10.1007/978-3-658-12844-9_2

Abb. 2.1 Winkel bei
rotatorischer Bewegung

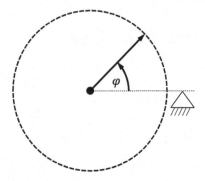

(Einheitszeichen °) oder im Bogenmaß ausgedrückt, 2π Radiant (Einheitszeichen rad).

Die beiden Einheiten lassen sich mit dem Umrechnungsfaktor ρ einfach in Beziehung setzen:

$$\rho = \frac{360°}{2\pi} = \frac{180°}{\pi} \qquad (2.1)$$

Ein Grad lässt sich unterteilen in Bogen- bzw. Winkelminuten ($1° = 60'$) oder gar Bogen- bzw. Winkelsekunden ($1' = 60''$). Manchmal werden auch Milli-Grad (m°; $10^{-3°}$) verwendet. Eine Umdrehung (ein Vollwinkel) hat somit:

$$1\ Umdrehung \triangleq 360° = 21.600' = 1.296.000'' = 360.000\,m° \qquad (2.2)$$

Beispiele

Entsprechend ist eine Winkelsekunde annähernd der 1,3 Millionste Teil einer Umdrehung. Zur Verdeutlichung der Größenordnung folgend einige Beispiele:

• Bei einer Auflösung von einer Winkelsekunde lässt sich die Erdoberfläche (Erdumfang ~ 40.000 km) mit 30,9 m auflösen.

Oder leichter vorstellbar:

• Ein Winkelmesssystem mit einer Winkelsekunde Auflösung löst bei einem Radius von einem km ein Kreissegment von ~4,8 mm auf.
• Ein Drehgeber mit einer Codescheibe mit 30 mm Durchmesser der eine Winkeländerung von einer Winkelsekunde anzeigt, löst einen Kreisbogen mit knapp 73 nm (!) auf.

Bei der Einheit Radiant verwendet man als Unterteilung das Milliradiant. Oder auf eine Umdrehung bezogen:

$$1\,Umdrehung \,\hat{=}\, 2\pi\,rad \approx 6283,2mrad \qquad (2.3)$$

Beispiele

Umrechnungsbeispiele für kleine Winkelmaße:

$$1' \approx 2,91 \cdot 10^{-4}\,rad = 0,291mrad \qquad 1\,mrad \approx 5,73 \cdot 10^{-2\circ} = 3'27,3''$$

$$1'' \approx 0,48 \cdot 10^{-5}\,rad = 4,8\,\mu rad \qquad 1\,rad \approx 57^\circ\,17'\,44''$$

In diesem Buch wird in der weiteren Betrachtung und in Graphen bevorzugt im Gradmaß gearbeitet. Zur besseren Lesbarkeit wird anstatt der Apostrophen-Schreibweise die Einheitenbezeichnung „arcmin" für Winkelminute und „arcsec" für Winkelsekunde verwendet.

Neben dem eigentlichen Winkel sind auch daraus ableitbare Größen, wie Winkelgeschwindigkeit bzw. Drehzahl und Winkelbeschleunigung für viele Anwendungen relevant.

Die Winkelgeschwindigkeit ω bezeichnet die Änderung des Winkels mit der Zeit:

$$\omega = \frac{d\varphi}{dt} \qquad (2.4)$$

bzw. bei gleichförmiger Bewegung:

$$\omega = \frac{\Delta\varphi}{\Delta t} \qquad (2.5)$$

Als Einheit für die Winkelgeschwindigkeit verwendet man rad/s, seltener $^\circ/s$. In der Technik bezieht man sich oft auf die Anzahl der Umdrehungen pro Zeiteinheit, d. h. die Drehzahl (oder Umdrehungsfrequenz). Hierfür verwendet man die Einheit Umdrehungen pro Minute (UPM; engl.: „revolutions per minute", rpm), $1/min$ oder min^{-1}. Formal hat die Winkelgeschwindigkeit und die Drehzahl folgende Beziehung:

$$n = \frac{30}{\pi} \cdot \omega = \frac{30}{\pi} \cdot \frac{\Delta\varphi}{\Delta t} \qquad (2.6)$$

(n: Drehzahl in [$1/min$]; ω: Winkelgeschwindigkeit in [rad/s]; $\Delta\varphi$: Winkeländerung in [rad]; Δt: Zeitänderung in [s])

Beispiel

Bei einer Drehzahl von 6.000 UPM bzw. 100 UPS (Umdrehungen pro Sekunde) wird eine Umdrehung in 10 ms durchlaufen.

Die Winkelbeschleunigung α beschreibt die Änderung der Winkelgeschwindigkeit ω mit der Zeit. Mathematisch ausgedrückt ergibt sich:

$$\alpha = \frac{d\omega}{dt} = \frac{d^2\varphi}{dt^2} \qquad (2.7)$$

oder bei gleichförmiger Geschwindigkeitsänderung:

$$\alpha = \frac{\Delta\omega}{\Delta t} = \frac{\Delta^2\varphi}{\Delta t^2} \qquad (2.8)$$

Bezogen auf die Drehzahl ergibt sich folgende Beziehung:

$$\alpha = \frac{\pi}{30} \cdot \frac{\Delta n}{\Delta t} \qquad (2.9)$$

Als Einheiten verwendet man rad/s^2, seltener $°/s^2$.

Beispiel

Ein Antrieb der von 0 UPM auf 6.000 UPM in 10 ms beschleunigt, hat eine Winkelbeschleunigung von $62,8 \cdot 10^3$ rad/s². Moderne Servoantriebe realisieren solch beeindruckende Beschleunigungen (Abschn. 5.3).

Neben der Drehzahl und der Winkelbeschleunigung gibt es weitere zeitliche Ableitungen des Winkels (z. B. der Ruck als dritte Ableitung $\dddot\varphi$). Diese sind in der Praxis nur in Nischenanwendungen relevant und werden nicht weiter betrachtet.

2.2 Messbereich

Als Messbereich bezeichnet man den Bereich der zu messenden Größe in dem ein Messgerät einen gültigen Messwert anzeigen kann. Bei Drehgebern bezieht sich dies auf den Winkelbereich. Man unterscheidet primär drei Messbereiche. Teilwinkel, Vollwinkel oder mehrere Umdrehungen (Abb. 2.2). Stehen bei Drehgebern eindeutige Winkelwerte über eine mechanische Umdrehung zur Verfügung, spricht man von Singleturn-Drehgebern, bei solchen, die eindeutige Werte über mehrere Umdrehungen ausgeben von Multiturn-Drehgebern.[2] Daneben gilt es zwei Sonderfälle zu betrachten:

---

[2] Deutsche Begriffe sind nicht gebräuchlich.

- Inkrementaldrehgeber (Abschn. 5.2) zeigen nur eine Winkeländerung (Inkremente) gemäß deren Auflösung an. Diese Funktion steht über eine Umdrehung
  zur Verfügung.

- Drehgeber mit einer sogenannten Rundachsfunktion (Endloswelle, elektronisches Getriebe) zeigen einen anderen Messbereich an als den, der der verwendeten Sensorik zugrunde liegt. Am besten erklärt sich die Funktion an einem
  Beispiel:

Beispiel

Ein System hat ein Getriebe. Der Drehgeber ist als Lastgeber an der An-
triebsachse des Getriebes angebracht und das Getriebe hat eine Untersetzung
von 1 : 2,73. Mithilfe der Rundachsfunktion zeigt nun der Drehgeber nicht die
eigentliche Winkelposition der Drehgeberachse an, sondern die an der Getrie-
beabtriebsachse. Entsprechend beträgt der Messbereich 2,73 Umdrehungen.

Die Rundachsfunktion erlaubt beliebige ganzzahlige und nicht-ganzzahlige
Über- und Untersetzungsverhältnisse (Abb. 2.2).

2.3 Winkelrechnung in Drehgebern

Nur wenige Drehgeber-Messprinzipien erlauben es, einen winkelproportionalen
Wert direkt sensorisch zu ermitteln (z. B. resistiv-potentiometrischer Drehgeber).
Bei den anderen Prinzipien wird versucht einen in der Mathematik üblichen Weg zu
gehen. Der Winkel wird auf Basis trigonometrischer Funktionen ermittelt (Goni-
ometrie). Die Sensoren werden so gestaltet, dass bei Drehbewegung sinusförmige
Signale entstehen, meist ein Sinus- und ein Cosinussignal (Abb. 2.3). Diese Signalpaarung wird auch als Quadratursignale bezeichnet, da sie in Quadratur, d. h. im
rechten Winkel stehen (90° Phasenversatz). Zur Veranschaulichung kann eine Darstellung am Einheitskreis verwendet werden. Ein Zeiger (Vektor) mit der Länge 1
dreht sich gegen den Uhrzeigersinn. Als Drehachse ist der Koordinatenursprung
definiert und als Nullpunkt die Lage des Zeigers auf der Abszisse in positiver Richtung liegend. Die y-Komponente des Zeigers repräsentiert den Sinus und die
x-Komponente den Cosinus. Der Winkel φ wird zwischen dem Vektor und der
Abszisse aufgespannt.

Diese Sinus- und Cosinussignale lassen sich anhand der bekannten goniometri-
schen Beziehung

$$\tan\varphi = \frac{\sin\varphi}{\cos\varphi} \tag{2.10}$$

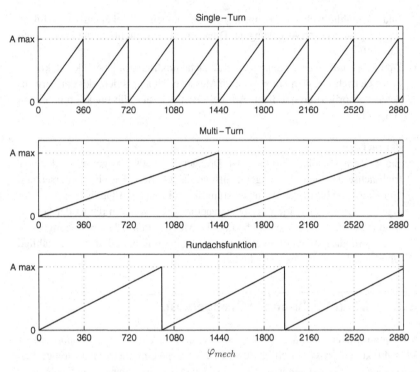

Abb. 2.2 Beispielhafte Messbereiche bei Drehgebern: oben – Singleturn, mitte – Multiturn (Messbereich: 4 Umdrehungen), unten – Rundachsfunktion (Messbereich: 2,73 Umdrehungen)

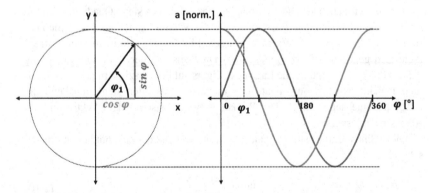

Abb. 2.3 Einheitskreisdarstellung mit rotierendem Vektor und daraus abgeleitete sinusförmige Signale

wie folgt in einen Winkel umrechnen[3]:

$$\varphi = \arctan\left(\frac{a_{\text{sin}}}{a_{\text{cos}}}\right) \qquad (2.11)$$

(φ: Errechneter Winken in $[°]$; a_{sin}, a_{cos}: Momentanwerte der Sinus- und Cosinussignale)

Gl. 2.11 bezieht sich auf eine Sinus-Cosinus-Signalperiode. Hat ein Drehgeber eine solche Signalperiode pro Umdrehung, so ergibt sich direkt die Winkelstellung des Rotors zum Stator. Da in der praktischen Umsetzung die Sinus- und Cosinussignale und somit der sich ergebende Winkel nicht unendlich hoch aufgelöst werden können, Anwendungen aber hohe Auflösungen fordern, unterteilt man den Vollwinkel in mehrere Teilwinkel. Dabei wird jeder Teilwinkel durch eine Signalperiode repräsentiert, man rechnet also mit mehreren Perioden pro Umdrehung (engl.: „periods per revolution", PPR). Dies wird durch Gl. 2.12 dargestellt:

$$\varphi_i = \frac{1}{PPR}\arctan\left(\frac{a_{\text{sin}}}{a_{\text{cos}}}\right) \qquad (2.12)$$

(φ_i: Momentanwert des Winkels der i-ten Periode in $[°]$; PPR: Anzahl der Perioden pro Umdrehung; a_{sin}, a_{cos}: Momentanwerte der Sinus- und Cosinussignale)

Durch diese Beziehung kann man zwar die Auflösung erhöhen, verliert aber die Aussage über einen absoluten Winkel auf eine Umdrehung (siehe Abschn. 2.4). Es ist nun sinnvoll φ_{elektr} und φ_{mech} einzuführen. φ_{elektr} bezeichnet einen Winkel innerhalb einer elektrischen Periode und φ_{mech} jenen auf eine mechanische Umdrehung (Abb. 2.4).

Neben der reinen Winkelrechnung kann auf Basis der sinusförmigen Signale auch eine einfache Überprüfung der Funktion des Drehgebers durchgeführt werden. Geben Drehgeber direkt sinusförmige Signale an der elektrischen Schnittstelle aus, kann die bekannte goniometrische Beziehung $\sin^2 + \cos^2 = 1$ gemäß Gl. 2.13 interpretiert werden:

$$a_{\text{sin}}^2 + a_{\text{cos}}^2 = \text{const.} \qquad (2.13)$$

Das Ergebnis aus Gl. 2.13 wird auch als Vektorlänge bezeichnet. Diese ist in vielen Belangen von hoher Bedeutung. Eine weitere Möglichkeit, die sich durch die

---

[3] In der Praxis wird die Funktion *atan2* eingesetzt, da diese eindeutige Werte im Bereich $0...2\pi$ liefert.

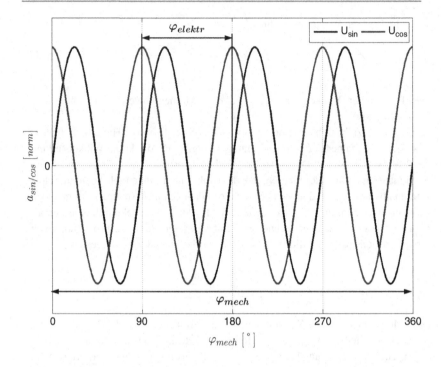

Abb. 2.4 Definition von φ_{elektr} und φ_{mech} bei winkelabhängigen Sinus-/Cosinussignalen mit 4 Perioden pro Umdrehung (PPR = 4)

Verwendung von Sinus- und Cosinussignalen ergibt ist die der Lissajous-Figur. Mit einem Oszilloskop in xy-Darstellung zeichnen die sinusförmigen Signale bei Drehung eine kreisähnliche Form (ein Kreis bei idealen Sinus-Cosinus-Signalen). Der Einheitskreis wird dadurch messtechnisch dargestellt. Auf diese Weise lassen sich verschiedene Qualitätsmerkmale der Quadratursignale abschätzen (Abschn. 2.5.3). Dies ist ein einfach umzusetzendes indikatives Verfahren.

Die eigentliche Winkelrechnung basiert auf Gl. 2.12 und wird in diesem Zusammenhang als Interpolation bezeichnet.[4] Interpolatoren können in zwei

---

[4] Der Begriff Interpolation wird in der Mathematik für eine näherungsweise Bestimmung eines unbekannten Punktes zwischen bekannten Punkten verwendet. Im Zusammenhang mit Drehgebern bezieht sich die Interpolation auf die Berechnung von Winkelwerten innerhalb einer Sinus-Cosinus-Periode.

Dimensionen auf unterschiedliche Weise umgesetzt werden. Zum einen gibt es verschiedene Verfahren, zum anderen verschiedene Integrationsstufen in der Umsetzung in Hardware und Software. Sinus/Cosinus-Digital-Wandler (engl.: „sine/cosine-to-digital converter"; SDC), wie Interpolatoren auch bezeichnet werden können, gibt es als dedizierte ASIC- oder ASSP-Komponenten (engl.: „application specific integrated circuit", dt.: anwendungsspezifischer integrierter Schaltkreis bzw. engl.: „application specific standard product", dt.: anwendungs-spezifisches Standardprodukt). Auch kann die Funktion nach Digitalisierung der sinusförmigen Signale durch geeignete Analog-Digital-Wandler (engl.: „analog-to-digital" converter, ADC) mittels Software auf Mikrocontrollern, digitalen Signalprozessoren (DSPs) oder FPGAs (engl.: „field programmable gate arrays") implementiert werden. Dabei wird oft der sogenannte CORDIC Algorithmus (engl.: „coordinate rotation digital computer") für die Berechnung der trigono-metrischen Funktionen eingesetzt. Bei den Verfahren sollen drei mögliche ge-nannt werden [1, 2].

Der klassische Ansatz ist es die Sinus- und Cosinus-Signale gleichzeitig mit linearen Analog-Digital-Wandlern abzutasten und die digitalen Werte gemäß Gl. 2.12 in einen Winkel umzurechnen. Alternativ kann der Winkelwert aus einer zweidimensionalen Matrix ausgelesen werden, wobei die digitalen Sinus- und Cosinuswerte die Indizes für die Reihen und Spalten darstellen. Vor der Win-kelwandlung können die Digitalwerte normiert (z. B. Amplitude) und hinsichtlich Fehlerkomponenten (z. B. Offset) korrigiert werden. Ein Flash-SDC ist vergleich-bar einem linearen Flash Analog-Digital-Wandler. Bei diesen wird das Ein-gangssignal mit mehreren Referenzspannungen durch analoge Komparatoren verglichen. Für jeden aufgelösten Schritt wird ein Komparator benötigt. Die Refe-renzspannungen werden aus einer Spannung durch eine Kaskade von Widerständen gebildet. Beim Flash-SDC werden im Gegensatz dazu zwei Eingangssignale zu-geführt und die Widerstandskaskade ist so ausgelegt, dass die Komparatoren Win-kelwerte zugeordnet werden. Flash- SDCs sind sehr schnell, der Hardwareaufwand lässt sich allerdings nur für geringe Auflösungen sinnvoll umsetzen. Interpolatoren die mit dem Nachlaufverfahren arbeiten schätzen einen Winkel aus den Signalen ab und führen das Ergebnis auf den Eingang zurück. Dort wird eine Differenz ermittelt, die solange nachgeregelt wird, bis der Fehler minimal wird. Diese Regelung geschieht sehr schnell, insbesondere wenn bereits ein Winkel ermittelt wurde und dieser nur nachgeführt werden muss. Die verschiedenen Verfahren un-terscheiden sich, u. a. im Implementierungsaufwand (Hard- und/oder Software), in der Schnelligkeit (somit durch Wandlung eingeführte Latenz), Auflösung und Genauigkeit.

2.4   Codierung

Ein Sinus- Cosinus-Signalpaar wird dazu verwendet, einen Winkel innerhalb einer elektrischen Periode darzustellen. Dies ist für industrielle Anwendungen meist nicht ausreichend. Es werden Konventionen und Zusatzinformationen zur Gewinnung der Absolutinformation eingeführt. Es ergeben sich Codes, die innerhalb des Drehgebers oder durch eine Steuerung weiter verarbeitet werden können. Dabei unterscheidet man Inkrementalcodes, die eine Winkeländerung anzeigen, von Absolutcodes, die zu jeder Zeit einen eindeutigen Winkel innerhalb des Messbereichs zur Verfügung stellen.

2.4.1   Inkrementalcode

Bei Drehgebern mit Inkrementalcode (Inkrement als Elementarschritt oder abzählbares Intervall) wird die Winkelinformation relativ ausgegeben. Das heißt, es wird nicht die absolute Winkelinformation, sondern nur eine Winkeländerung mittels Signaländerungen angezeigt. Es werden zwei Signalarten genutzt: rechteck- und sinusförmige Signale.

Bei den inkrementalen Drehgebern mit Rechtecksignalen wird in der einfachsten Form ein einziges Signal zur Verfügung gestellt (Abb. 2.5, oben links). Dieses Signal erlaubt nur die Ermittlung einer Winkeländerung anhand der Auswertung der Signalflanken. Erweitert man das System um ein zweites, um 90° phasenverschobenes Signal, man erhält ein Quadratursignalpaar. Die Signale dieses Paares werden mit unterschiedlichen Buchstabenkombinationen bezeichnet. In diesem Buch werden die Buchstaben A und B verwendet. Bezieht man sich auf die Signalpaarung, so kann die Bezeichnung AqB verwendet werden. Mit AqB kann man zusätzlich zur Winkeländerung die Drehrichtung erkennen (Abb. 2.5, oben rechts). Hierzu werden zusätzlich zu den Signalflanken die Signalpegel ausgewertet. Gleichzeitig wird bei gleicher Anzahl an Impulsen pro Signal pro Umdrehung die Auflösung verdoppelt. Um die Zuordnung zu einem Bezugspunkt auf dem Vollwinkel zu erhalten, kann noch ein drittes Signal, Z, zur Verfügung gestellt werden, der sogenannte Nullimpuls (Abb. 2.5, oben rechts). Dieser Nullimpuls schaltet einmalig pro Umdrehung und hat eine definierte Lage und Dauer in Bezug auf die Inkrementalsignale A und B (eine eingeschränkte Anzahl von Relationen wird verwendet, vgl. Abschn. 5.2.2.1). Dadurch kann eine quasi-absolute Position ermittelt werden. Allerdings muss eine sogenannte Referenzfahrt beim Einschalten des Drehgebers durchgeführt werden, um diesen Bezugspunkt einmalig zu durchfahren. Durch Zählen der Inkrementalsignale kann eine pseudo-absolute Position (Single- oder gar Multiturn) nachgehalten werden.

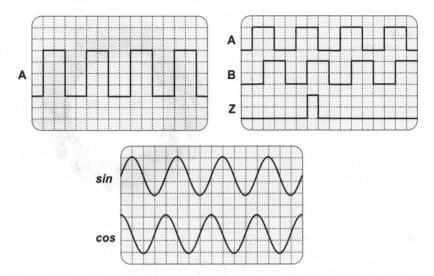

Abb. 2.5 Inkrementalsignale in Oszilloskopdarstellung. oben links - 1-kanalig digital, oben rechts - 3-kanalig digital, unten - 2-kanalig analog (sin/cos)

In der realen Umsetzung erhält man keine perfekten Rechtecksignale direkt aus der Sensorik. Meist erhält man verschliffene, dreieckförmige oder sinusförmige Signale. Für gut schaltende Rechtecksignale, werden diese anhand eines Komparators aufbereitet. Natürlich werden aber auch die sinusförmigen Signale in Inkrementaldrehgebern verwendet (Abb. 2.5, unten). Da Steuerungen, die für Inkrementalgeber ausgelegt sind, rechteckförmige Signale erwarten, werden die Sinus-Cosinus-Signale aufbereitet. Dazu kann auch die Interpolation verwendet werden, wodurch auch die Auflösung erhöht wird.

Abb. 2.6 zeigt die Codescheibe eines optischen Inkrementalgebers. Die randnah gestrichelte Struktur besteht aus regelmäßigen, trapezförmigen (Rechtecke polar aufgetragen) lichtdurchlässigen und -undurchlässigen Bereichen zur Generierung der AqB-Signale. Die rechteckförmige Struktur über der „500"-Kennzeichnung dient zur Generierung des Nullimpulses. Mehr dazu in Abschn. 3.1.3.

Ein Nebenaspekt hochauflösender optischer Drehgeber, in deren Ausprägung als Inkrementalgeber mit rechteckförmigen Signalen, ist, dass ihre Leistungsfähigkeit nur unwesentlich durch äußere Bedingungen, wie beispielsweise Temperatur, beeinflusst wird. Die hohe native Auflösung, die physikalisch in der Maßverkörperung vorliegt, reduziert erheblich den Einfluss von Signalperiodenbezogenen Fehlern wie Offset- und/oder Amplitudenänderungen.

Abb. 2.6 Codescheibe für
einen optischen
Inkrementalgeber (Quelle:
SICK STEGMANN GmbH)

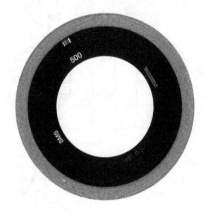

2.4.2 Absolutcode

Genügt es bei einer Anwendung nicht, dass nur Winkeländerungen oder Winkel innerhalb eines Teilwinkels (z. B. eine elektrische Periode) angezeigt werden, sondern zu jeder Zeit eine absolute Winkelposition auf eine Umdrehung (oder mehrere Umdrehungen) zur Verfügung steht, kommen Absolutdrehgeber zum Einsatz. Dies ist insbesondere dann wichtig, wenn die Absolutposition beim Einschalten des Drehgebers zur Verfügung stehen muss, da auf eine Referenzfahrt anwendungsbedingt verzichtet werden muss. Der Begriff Absolutposition bezieht sich eher auf eine lineare Position wird aber auch bei Drehgebern zur Angabe eines absoluten Winkels verwendet.

Absolutdrehgeber verwenden eine Kombination aus einer mehr oder weniger hoch aufgelösten Inkrementalspur und weiteren Signalspuren. Diese Zusatzinformation wird dazu genutzt den elektrischen Perioden der Inkrementalspur (sinus- oder rechteckförmig) einen Index zuzuweisen. Die Signale zusammen genommen realisieren einen Code, der von der Maßverkörperung getragen wird. Zum Einsatz kommen, z. B. Binär-, Gray-, Nonius- oder Pseudo-Random-Codes.

Der einfachste Code ist der Binärcode. Die Signale werden als Rechtecksignale gelesen, wobei jede Signalspur ein Bit eines binären Codes darstellt. Es werden zwei Arten von Code benutzt. Beim klassischen Binärcode stellt das gelesene Codewort direkt den Winkel dar (Abb. 2.7, oben). Bei Drehgebern verwendet man allerdings bevorzugt den Gray-Code (Abb. 2.7, unten). Dies ist ein stetiger Code mit der spezifischen Eigenart, dass sich beim Übergang von einem auflösbaren Schritt zum nächsten, jeweils nur ein Bit ändert. Es entsteht kein „Winkelprellen" beim Übergang von einem Codewort zum nächsten. Ein möglicher Ablesefehler beträgt maximal eins.

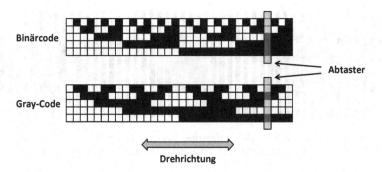

Abb. 2.7 binäre Absolutcodes: oben – 5-Bit Binär-Code, unten – 5-Bit Gray-Code

Der Nachteil der Binärcodes ist, dass jedes Datenbit in einer dedizierten Codespur codiert werden muss. Dies führt zu einem großen radialen Platzbedarf bei großen Codebreiten. Des Weiteren kann es auch schwierig sein den Sensor zu gestalten. So muss bei optischen Drehgebern eine relativ große Fläche homogen ausgeleuchtet werden. Für magnetische Drehgeber gar wäre es eine große Herausforderung eine entsprechende Codescheibe zu magnetisieren. Nonius- und Pseudo-Random-Codes begegnen diesem Problem, da sie mit weniger Codespuren zur Darstellung eines absoluten Drehgebercodes auskommen.

Der Nonius-Code[5] ist aus der Anwendung beim Messschieber bekannt. Bei diesem Code werden eine Hauptskala (hier bezeichnet mit m) und eine oder mehrere Teilskalen (n_i) miteinander verrechnet. In der typischen Verwendung des Codes in Drehgebern haben die Spuren eine um eins unterschiedliche Anzahl von Perioden pro Umdrehung ($m = n + 1$). Bei der Wahl der Teilungsperioden muss auf das Auflösevermögen des Systems geachtet werden. Es können nicht beliebig große Teilungen verwendet werden, da diese irgendwann nicht mehr eindeutig erfasst und verrechnet werden können. Werden mehr als zwei Codespuren verwendet, lassen sich größere, oder höher aufgelöste Messbereiche realisieren. Gl. 2.14 stellt die Verrechnung eines zweispurigen Nonius-Codes dar (Abb. 2.8, Abb. 2.9 oberer Teil).

$$\varphi = \frac{1}{m-n}\left(\arctan\left(\frac{\sin(m\varphi)}{\cos(m\varphi)} \right) - \arctan\left(\frac{\sin(n\varphi)}{\cos(n\varphi)} \right) \right) \qquad (2.14)$$

Sonderformen des Nonius-Codes verwenden Skalen, deren Periodenlänge sich um mehr als eine Periode unterscheiden. Auch bei diesen Codes kann man den

---

[5] Auch als Vernier-Code bezeichnet

Abb. 2.8 Nonius Codierung durch Überlagerung von Strichgittern unterschiedlicher Periodizität (zur besseren Verdeutlichung des Effekts dreimal hintereinander dargestellt)

Absolutwinkel mit Gl. 2.14 berechnen. Zu beachten ist, dass die beiden Faktoren keinen gemeinsamen Teiler haben, da sonst die Eindeutigkeit auf eine Umdrehung verloren geht. Auch mit diesem als MxN bezeichneten Code kann ein recht großer Messbereich erfasst werden. Der MxN-Code wird bei Drehgebern eingesetzt, bei denen es sinnvoll ist sich stark unterscheidende Periodenlängen in den Codespuren zu verwenden. Außerdem ist er weniger empfindlich auf mechanische Toleranzen (Abb. 2.9 unterer Teil).

Der Pseudo-Random-Code [3, 4] ist ein einspuriger Absolut-Code, der ebenfalls parallel zu einer Inkrementalspur verwendet werden kann. Er ist so gestaltet, dass er sequentiell ausgelesen wird. Für einen 2^x-Code wird ein Abtaster mit mindestens × Ausleseelementen tangential zur Drehachse aufgebracht. Jeder Winkelschritt stellt ein eindeutiges Codewort dar, das mittels eines passenden Dekodierpolynoms dekodiert werden kann. Die Besonderheit bei diesem Code ist, dass er in sich geschlossen ist, d. h. das letzte Codewort geht nahtlos in das erste über, was für Drehgeber natürlich sehr günstig ist (Abb. 2.10).

2.4.3 Synchronisation

Immer dann, wenn ein Messwert aus mehreren Teilmessungen zusammengesetzt wird, ist es sinnvoll die einzelnen Teilmesswerte zueinander zu synchronisieren. Dies gilt insbesondere dann, wenn die Teilmessungen durch unterschiedliche, unabhängige Sensoren erfasst werden. Beispiele hierfür sind die Kombination einer Inkrementalspur mit einem Pseudo-Random-Code, die Übertragung eines

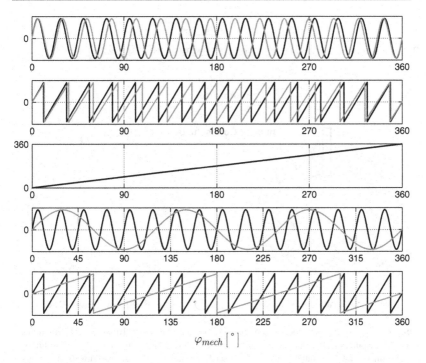

Abb. 2.9 Nonius- und M×N-Codierung: ganz oben – Sinussignal eines Nonius-Codes mit $m = 16$ und $n = 15$, zweite von oben – entsprechende Winkelsignale der Nonius-Spuren, mitte – berechneter Winkel aus den Nonius- bzw. M×N-Codes, zweite von unten -Sinussignale eines M×N-Codes mit $m = 16$ und $n = 3$, entsprechende Winkelsignale des M×N-Codes

Positionswerts über eine hybride Schnittstelle (niedrig aufgelöster Absolutwert auf einem digitalen Kanal und hochaufgelöste Information innerhalb einer Sinus-Cosinus-Periode als analoges Signal) oder bei der Kaskadierung mehrerer Multiturn-Stufen (Abschn. 4.2.3) untereinander und mit einer Singleturn-Information. Problematisch ist, dass die Ergebnisse der Teilmessungen unterschiedliche Schaltzeiten aufweisen können. Dies kann bedingt sein durch Signallaufzeiten, Getriebespiel bei einem getriebebasierten Multiturn, Hysterese, Signalrauschen, etc.. Wenn keine Maßnahmen getroffen werden, kann die Stetigkeit der Gesamtinformation verloren gehen. Die Synchronisation beschreibt nun ein Verfahren mit dem diesem Phänomen begegnet werden kann.

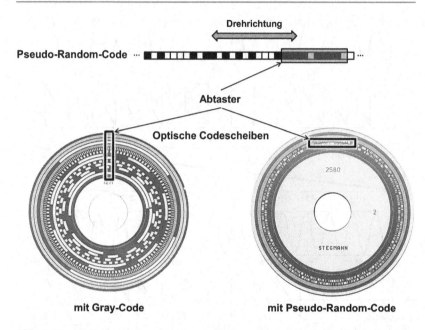

Abb. 2.10 Absolutcode: oben – schematische Darstellung einer 10-Bit Pseudo-Random-Code-Massspur mit Abtaster; unten links – Codescheibe eines optischen Absolutwertdrehgebers mit Gray-Code; unten rechts – Codescheibe eines optischen Absolutwertdrehgebers mit Pseudo-Random-Code (Quelle: in Anlehnung an SICK STEGMANN GmbH)

Die Synchronisation wird bei digitalisierten Werten der Teilmessungen verwendet. Entsprechend lässt sich auch das Verfahren anhand von digitalen Codeworten am einfachsten beschreiben. In Abb. 2.11 wird ein System beispielhaft angeführt das seine Positionsinformation aus zwei Teilmessungen bildet. Dabei stellt die eine Teilmessung einen interpolierten Wert einer elektrischen Periode (Feinposition) dar und die zweite einen Absolutwert auf eine mechanische Umdrehung. Im oberen Teil schließen die Datenwörter der beiden Teilmessungen direkt aneinander an. Schaltet nun der Absolutwert nicht in exakt dem Moment um in dem die Feinposition von einer Periode zur nächsten wechselt, so zeigt der Absolutwert einen falschen Periodenindex an, es kommt zu einem irregulären Positionssprung. Dieser wird erst wieder aufgehoben, wenn der Absolutwert in die richtige Periode zeigt. Dieser Positionssprung kann dadurch behoben werden, dass die Absolutposition feiner aufgelöst wird, d. h. Der Absolutwert repräsentiert nicht nur die Anzahl der Perioden, sondern trägt noch Information innerhalb einer Periode. In dem Beispiel in Abb. 2.11 werden zwei Synchronisationsbits

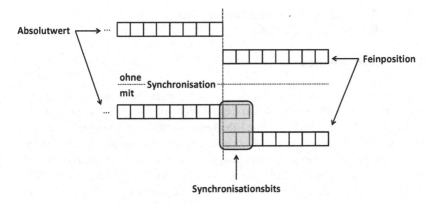

Abb. 2.11 Synchronisation zweier Teilmessungen

eingeführt. Diese werden so ausgelegt, dass sie die gleiche Wertigkeit haben wie die entsprechenden hochwertigen Bits der Feinposition. Bei der Inbetriebnahme eines Geräts werden diese so festgelegt, dass die überlappenden Bits den gleichen Wert haben. Unterschiede im Wechselverhalten können nun ausgeglichen werden. Weisen die Bits unterschiedliche Werte auf wird eine Differenz gebildet und das Datenwort des Absolutwerts so gesetzt, dass es in die Richtung der kleineren Differenz liegt. Je mehr Synchronisationsbits verwendet werden, desto sicherer funktioniert das Verfahren. Dies bringt aber einen größeren Umsetzungsaufwand mit sich. Die Funktion sei an einem Beispiel aus dem täglichen Leben verdeutlicht.

Beispiel

Als Analogie für das Verfahren der Synchronisation dient eine mechanische Uhr. Konzentrieren wir uns auf die Minuten- und Sekundenzeiger. Die eine Uhr hat Minutenzeiger, die auf einzelne Minuten einrasten. Es sei angenommen, dass der Minutenzeiger auf die nächste Minute springt, obwohl der Sekundenzeiger noch vor der „12" steht, oder erst, wenn der Sekundenzeiger schon einige Sekunden von der „12" weg bewegt hat. Man nimmt die falsche Zeit wahr. Sekunden- und Minutenzeiger sind nicht synchronisiert. Hat die Uhr aber einen Minutenzeiger, der kontinuierlich voran läuft, kann man beobachten, wo sich der Minutenzeiger zwischen zwei die Minuten anzeigenden Strichen befindet. Ist nun der Sekundenzeiger nahe der „12" so kann man mit Hilfe der Stellung des Minutenzeigers einschätzen, wie der Sekundenzeiger zur „12" stehen sollte. Diese Synchronisation hat man erreicht, da der Minutenzeiger eine höhere Auflösung in den Sekundenbereich hinein aufweist.

2.5   Auflösung, Messwertabweichung, Reproduzierbarkeit

2.5.1   Allgemeines

Wie für alle Messgeräte sind auch für Drehgeber deren Auflösung, Messwertabweichung, Wiederholgenauigkeit und Reproduzierbarkeit wichtige Kenndaten.

Unter Auflösung versteht man die Fähigkeit eines Messgerätes, unterschiedliche
Werte innerhalb dessen Messbereichs zu unterscheiden. Bei rein analogen Systemen
ist die Auflösung theoretisch unendlich groß, wird aber in der Realität durch
Signalrauschen begrenzt. In digitalisierten Systemen wird die Auflösung zusätzlich
durch das Auflösevermögen der verwendeten Analog-Digital-Wandler und (wenn
auch heutzutage von untergeordneter Bedeutung) die Wortbreite der Recheneinheit
sowie der verwendeten Algorithmen definiert. Bei Drehgebern bezieht sich die
Auflösung auf den mechanischen Winkel. Es sind für den Anwender zwei Fälle zu
unterscheiden: Drehgeber mit digitalen oder analogen Signalen (Abschn. 4.3.2).

Bei Inkrementaldrehgebern mit rechteckförmigen Signalen definiert sich die
Auflösung aus der Anzahl der Impulse über den Messbereich. Da Quadratursignale
verwendet werden und die Impulswechsel erfasst werden können, hat der Drehgeber
eine um den Faktor vier höhere Auflösung als Impulse pro Signal (Abb. 2.12).

Abb. 2.12 Auflösung bei
Inkrementalsignalen

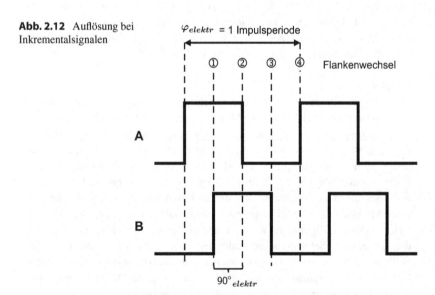

Absolute Drehgeber mit rein digitaler Schnittstelle geben deren Auflösung direkt im Datenblatt an. Für die Sicherstellung dieser Angabe ist ausschließlich der Gerätehersteller verantwortlich. Bei der Betrachtung der Auflösung bei Drehgebern mit analoger Schnittstelle sind neben den eingangs genannten Parametern weitere Einflussfaktoren zu beachten. Näher betrachtet werden die Drehgeber mit sinusförmigen Ausgangssignalen. Bei diesen werden die Signale durch Analog-Digital-Wandler oder Interpolatoren digitalisiert und in einen Winkel umgerechnet. Dies hat zusätzlichen Einfluss auf das Drehgebersystem. Wie, soll an dem Beispiel in Abb. 2.13 gezeigt werden, das auf der Arkustangens-Interpolation mittels linearem ADC gemäß Gl. 2.12 basiert und eine Sinus-Cosinus-Periode betrachtet.

Es ist zu erkennen, dass der aus quantisierten Signalen abgeleitete diskrete Winkel keine gleichförmige Winkelauflösung innerhalb einer Sinus-Cosinus-

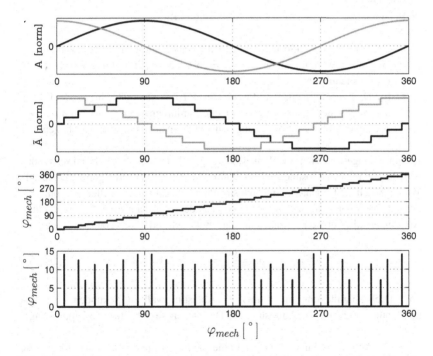

Abb. 2.13 Amplitudenquantisierung und Winkelinterpolation: oben – analoge Sinus-/ Cosinussignale, zweite von oben – Sinus-/Cosinussignale amplitudenquantisiert, zweite von unten – interpolierter Winkel, unten – sich ergebende Winkelschritte

Periode hat. Näherungsweise kann die Auflösung für Drehgeber mit sinusförmigen Signalen angenommen werden:

$$\delta_{min} \approx \frac{360°}{\pi \cdot PPR \cdot \delta_{ADC}} \qquad (2.15)$$

$$\bar{\delta} \cong \frac{360°}{4 \cdot PPR \cdot \delta_{ADC}} \qquad (2.16)$$

(δ_{min}, $\bar{\delta}$: kleinste und mittlere Winkelauflösung in Grad; δ_{ADC}: Auflösung der Analog-Digital-Wandler in Inkrementen)

Dabei gilt, dass die Auflösung der AD-Wandler für die Sinus- und Cosinus-Signale gleich ist.

Beispiele

Beispiele zur Interpretation nach Auflösung in Bit

- Bei einer Winkelauflösung von 21 Bit (2,097 Millionen Schritte oder 0,62") lässt sich ein Kreissegment auf der Erdoberfläche (Erdumfang ~ 40.000 km) mit 19 m auflösen.
- Ein Drehgeber mit einer Auflösung von 23 Bit (8.388.608 Schritte oder 0,15") der eine Codescheibe mit einem Codespurdurchmesser von 30 mm exzentrisch abtastet hat eine Auflösung von ~11,2 nm am Codespur-Kreisbogen.

In Anwendungen in denen eine Winkeländerung zur Erfassung der Drehzahl verwendet wird, hat die Winkelauflösung direkten Einfluss auf das Auflösevermögen der Drehzahl. Wie in Abschn. 2.1 erläutert, errechnet sich die Drehzahl aus der Differenzierung des Winkels nach der Zeit, bzw. in der Praxis aus der Winkeländerung innerhalb eines Abtastintervalls. Für die Drehzahlauflösung ergibt sich somit folgende Beziehung:

$$\delta_n = \frac{60}{T \cdot \delta} = \frac{60 \cdot f}{\delta} \qquad (2.17)$$

(δ_n: Drehzahlauflösung in 1/min; T: Abtastintervall in Sekunden; f: Abtastfrequenz in Hertz; δ: Auflösung des Drehgebers in Schritten pro Umdrehung)

In der Antriebstechnik ist das Ziel eine möglichst hohe Drehzahlauflösung zu erhalten. Gemäß Gl. 2.17 erfordert dies ein möglichst großes Abtastintervall (meist nicht sehr flexibel wählbar und durch weitere Faktoren hin zu kleineren Werten erforderlich) oder/und eine möglichst hohe Drehgeberauflösung (vgl. Abb. 2.14).

Jedes Messgerät zeigt Messwertabweichungen (vergleichbare Begriffe: Ungenauigkeit, Nichtlinearität, Fehlergrenze, Messschrittabweichung). Diese gibt den

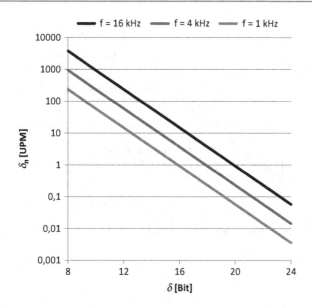

Abb. 2.14 Drehzahlauflösung, δ_n, für verschiedene Abtastfrequenzen, f, und Drehgeberauflösungen, δ

Grad der Abweichung des angezeigten Werts von einem wahren Wert an. Sie wird verursacht durch zufällige und systematische Fehler. Die Fehlerarten und vor allem die Auswirkungen der Messwertabweichung sind gerätespezifisch und es wird darauf an entsprechender Stelle eingegangen (z. B. Abschn. 2.5.3).

Der unabhängige Linearitätsfehler ε gibt die maximale Abweichung von der Geraden, entweder als Absolutwert (Gl. 2.18) oder relativ auf den Messbereich bezogen an (Gl. 2.19).

$$\varepsilon = \varphi_{Ist} - \varphi_{Soll} \qquad (2.18)$$

$$\varepsilon_{rel.} = \frac{\varphi_{Ist} - \varphi_{Soll}}{Messbereich} \qquad (2.19)$$

(ε: absoluter Winkelfehler in [°]; $\varepsilon_{rel.}$: relativer Winkelfehler in [°]; φ_{Ist}: gemessener Winkel in [°]; φ_{Soll}: realer Winkel in [°])

Typischerweise wird der relative Winkelfehler in Prozent angegeben. Es gibt aber auch Quellen, die den Fehler, oder in dem Fall dann die Genauigkeit in Bit angeben:

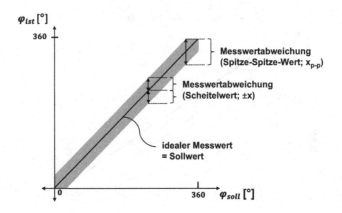

Abb. 2.15 Messwertabweichung über den Messbereich ε

$$\varepsilon_{Bit} = \log_2 \frac{Messbereich}{\varphi_{Ist} - \varphi_{Soll}} \tag{2.20}$$

Unabhängig von der Darstellung muss immer darauf geachtet werden, ob die Fehlerangabe sich auf den Scheitelwert des Fehlers bezieht, oder auf den Spitze-Spitze-Wert (Abb. 2.15).

Abb. 2.16 reflektiert die Parameter Auflösung und Genauigkeit in Bezug auf den Einheitskreis. Die Breite des grau hinterlegten Bereichs bezieht sich dabei auf die Messwertabweichung und somit auf die Genauigkeit. Die Dichte der Punkte entlang des Einheitskreises bezeichnet die Auflösung.

Die Messwertabweichung der Drehzahl definiert sich auch aus der Genauigkeit der Winkelposition sowie der Genauigkeit des Zeitintervalls. Auch wenn die zeitliche Abweichung meist in „ppm" (engl.: „parts per million", dt.: Teile von einer Million) angegeben wird, ist diese nicht zu vernachlässigen, denn schließlich liegen die drehzahlrelevanten Genauigkeitskomponenten von Drehgebern im Bereich von Winkelsekunden und somit auch im ppm-Bereich. Im allgemeinen Sinne wird darauf an dieser Stelle nicht eingegangen. Eine Diskussion der Drehzahlgenauigkeit im Zusammenhang mit Drehgebern basierend auf analogen Sinus-Cosinus-Signalen findet sich in Abschn. 2.5.3.

Unter Wiederholgenauigkeit versteht man die Fähigkeit eines Systems unter gleichen Bedingungen das gleiche zu tun. Auf ein Messgerät bezogen, beschreibt dies die Streuung des Ist-Messwerts die sich ergibt, wenn ein bestimmter Sollwert unter gleichen Bedingungen mehrfach angefahren wird. Bei Drehgebern zählen

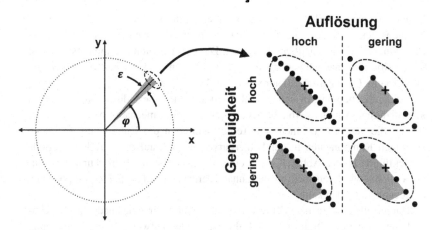

Abb. 2.16 Auflösung und Genauigkeit bei Drehgebern

hierbei zu den Rahmenbedingungen neben den Umwelteinflüssen (z. B. Temperatur, relative Feuchte) auch anwendungsrelevante Parameter, wie Drehrichtung und Drehzahl. Die Reproduzierbarkeit beschreibt die Abweichung im Ist-Wert die sich ergibt, wenn ein bestimmter Sollwert unter den erlaubten Betriebsbedingungen angefahren wird. Somit sind Umwelteinflüsse, anwendungsspezifische Parameter sowie sensorische Einflüsse (z. B. Hysterese) mit berücksichtigt. Für Wiederholgenauigkeit und Reproduzierbarkeit werden für gewöhnlich die Standardabweichung oder ein Vielfaches davon als Zahlenwert angegeben. Aus Datenblättern geht die Natur des Werts leider nicht immer eindeutig hervor, so dass man selten weiß, ob die maximale Abweichung oder eine statistische Abweichung durch die Angabe verstanden wird.

Wiederholgenauigkeit und Reproduzierbarkeit der Drehzahl ergeben sich auch aus den Kennwerten der Winkelposition, werden aber noch beeinflusst durch mögliche Schwankungen des Abtastintervalls.

Auf die Auflösung, Genauigkeit, Wiederholgenauigkeit und Reproduzierbarkeit der Beschleunigung soll an dieser Stelle nicht eingegangen werden, da sie in der Praxis von untergeordneter Bedeutung ist.

2.5.2   Messwertabweichung bei Drehgebern

Oft wird bei Messgeräten als Messwertabweichung ein globaler Wert angegeben, d. h. die maximale Abweichung der Istkurve von der Sollkurve ε_{max} gemäß Gl. 2.18 (vgl. Abb. 2.15). Bei Drehgebern kann es sinnvoll sein die Angabe in mehrere

Kennwerte zu unterteilen. Somit wird konkret auf die Wirkung von Abweichungs-komponenten für unterschiedliche Anwendungen eingegangen. Auch haben die Komponenten unterschiedliche Ursachen. Die Unterscheidung kann entsprechend helfen Korrekturmaßnahmen abzuleiten. Dabei kann die Ursache (Messung) oder die Wirkung (Kompensation) adressiert werden.

Bei Drehgebern lassen sich in der Fehlerkurve meist periodische Komponenten identifizieren. Anteile davon beziehen sich auf eine mechanische Umdrehung. Basiert die Sensorik auf mehreren Teilungsperioden pro Umdrehung, so finden sich auch Komponenten in der Fehlerkurve, die sich auf diese Teilungsperiode zurückführen lassen. Abb. 2.17 stellt eine simulativ erstellte Fehlerkurve im Win-kelbereich sowie deren Spektren dar, anhand derer näher auf die Fehlerkomponenten eingegangen werden kann.

Dargestellt sind in den Fehlerkurven die Werte für eine mechanische Um-drehung, wobei der Drehgeber 16 Teilungsperioden aufweist. In der Darstellung oben rechts sieht man die eigentliche Fehlerkurve, die sich ergibt, wenn von den

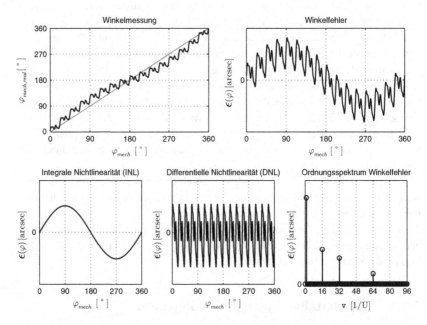

Abb. 2.17 Winkelfehler beispielhaft für einen Drehgeber mit PPR = 16: von oben links im Uhrzeigersinn – gemessener und idealer Winkel, Winkelfehler, Ordnungsspektrum des Winkelfehlers, differentielle Nichtlinearität, integrale Nichtlinearität

gemessenen Winkelwerten deren Sollwerte abgezogen werden. Man erkennt eine niederfrequente Komponente, der hochfrequente Komponenten überlagert sind. Wird an dieser Stelle von Frequenzanalyse gesprochen, so bezieht man sich auf die Ordnungsanalyse.[6] Bei diesem Ansatz werden in der Praxis Messwerte nicht zeitlich äquidistant über eine Zeitreferenz abgetastet sondern winkel-äquidistant mittels einer Winkelreferenz. Zeitlich erfasste Winkelwerte lassen sich mit den Methoden der Ordnungsanalyse auch algorithmisch in den Winkelbereich umrechnen. Man befindet sich nicht mehr im Zeitbereich sondern im Winkelbereich. Berechnet man auf so erfasste Winkelwerte eine Fourier-Transformation so spricht man nicht klassisch von einem Frequenzspektrum mit der Einheit Hz ($1/s$) auf der Abszisse, sondern von einem Ordnungsspektrum mit der Einheit $1/U$ (U für Umdrehung). Typischerweise bezieht sich die erste Ordnung auf eine mechanische Umdrehung, was der bevorzugten Sichtweise in diesem Buch entspricht. Es ist aber auch möglich sich auf eine elektrische Periode zu beziehen. Zurück zu den nieder- und hochfrequenten Komponenten in Abb. 2.17. In Anlehnung an die Begrifflichkeiten von Datenwandlern (ADC und DAC) verwendet man die Begriffe integrale Nichtlinearität (engl.: „integral non-linearity", INL) für die niederfrequenten Ordnungen und differentielle Nichtlinearität (engl.: „differential non-linearity", DNL) für die Ordnungen, die sich aus der Anzahl der Teilungsperioden ableiten.

Die integrale Nichtlinearität beschreibt eine Eigenschaft, die sich primär auf die Genauigkeit eines Positionswertes bezieht und hat ihre Ursache meist im mechanischen Aufbau, wie beispielsweise der Exzentrizität der Codescheibe zur Drehachse oder dem exzentrischen Anbau des Drehgebers an die Applikation (Abb. 2.18).

Aus den geometrischen Verhältnissen lässt sich die Größe des integralen Fehlers ableiten:

$$\varepsilon_{INL} = \varphi - \varphi' = \pm \arctan \frac{e}{r} \left[° \right] \approx \pm 206.265 \frac{e}{r} \left['' \right] \qquad (2.21)$$

(ε_{INL}: durch Exzentrizität verursachter Winkelfehler in $\left[° \right]$; e: Exzentrizität in $\left[m \right]$; r: Codescheibenradius in $\left[m \right]$)

Aus Gl. 2.21 geht hervor, dass je kleiner die Codescheibe ist, desto besser muss sie zentriert werden, um eine geforderte maximale integrale Nichtlinearität zu erreichen. Die Näherungsformel gilt für kleine Winkel, d. h. kleine Verhältnisse von e zu r. Der Bezug der integralen Nichtlinearität auf die Signale wird in Abb. 2.19

---

[6] Die Ordnungsanalyse stammt aus dem Bereich der Geräusch- oder Schwingungsanalyse rotierender Maschinen.

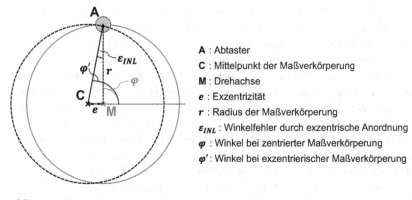

A : Abtaster
C : Mittelpunkt der Maßverkörperung
M : Drehachse
e : Exzentrizität
r : Radius der Maßverkörperung
ε_{INL} : Winkelfehler durch exzentrische Anordnung
φ : Winkel bei zentrierter Maßverkörperung
φ' : Winkel bei exzentrierischer Maßverkörperung

Abb. 2.18 Geometrische Betrachtung der integralen Nichtlinearität

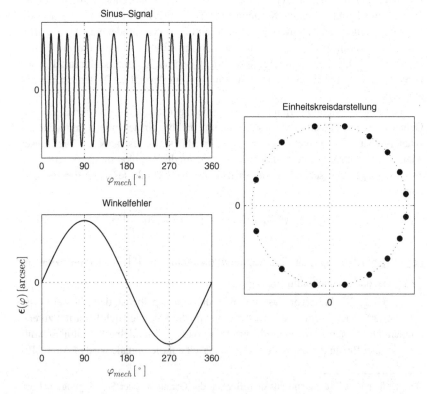

Abb. 2.19 Signal- und Fehlerkurven eines Systems mit großer integraler Nichtlinearität und PPR = 16: von links oben im Uhrzeigersinn – Sinussignal, Einheitskreisdarstellung, Winkelfehler

veranschaulicht. Die Punkte auf dem Einheitskreis repräsentieren einen gleichwertigen Punkt in je einer elektrischen Periode. Man erkennt, dass sich die Periodizität des Signals sinusförmig über eine Umdrehung ändert.

Die differentielle Nichtlinearität beschreibt Winkelabweichungen innerhalb einer Teilungsperiode. Diese ist vor allem bei der Ableitung einer Drehzahlinformation aus der Winkelinformation relevant. Sie beschreibt Ungenauigkeiten, welche sich je Maßstabsperiode wiederholen, also eine vergleichsweise hohe Fehlerfrequenz in den Regler eintragen können. Da sich die differentielle Nichtlinearität auf eine Teilungsperiode bezieht, nimmt deren Einfluss auf den Gesamtwinkelfehler mit der Anzahl der Perioden pro Umdrehung ab. Einige der Ursachen für Systeme mit sinusförmigen Signalen werden in Abschn. 2.5.3 besprochen.

2.5.3 Messwertabweichungen bei Sinus-Cosinus basierter Winkelrechnung

Messgeräte basierend auf der Auswertung von Sinus-Cosinus-Signalen haben einige Spezifika, die sich aus nicht perfekten, analogen Signalen ergeben. Basis für die Veranschaulichung ist die Erweiterung von Gl. 2.12 zu:

$$\varphi_i = \frac{1}{PPR}\arctan\left(\frac{A_{\sin}\sin\left(\varphi_i+\Delta\varphi_{\sin}\right)+O_{\sin}+d_{\sin}}{A_{\cos}\cos\left(\varphi_i+\Delta\varphi_{\cos}\right)+O_{\cos}+d_{\cos}}\right) \tag{2.22}$$

(φ_i: gemessener Winkel in der i-ten Periode; PPR: Anzahl der Sinus-Cosinus-Perioden pro Umdrehung; $A_{\sin}$, $A_{\cos}$: Amplitudenwerten der Sinus-Cosinus-Signale in $[V]$; $\Delta\varphi_{\sin}$, $\Delta\varphi_{\cos}$: Abweichungen der Phasenlage $[°]$; $O_{\sin}$, $O_{\cos}$: Offsetwerte in $[V]$; $d_{\sin}$, $d_{\cos}$: Momentanwerte der Störsignale in $[V]$)

Aus dieser Betrachtung ergeben sich Fehlerquellen für die Erfassung des Winkels innerhalb einer Signalperiode, die in Tab. 2.1 aufgelistet sind:

Die Wirkung ohne Fehler (Abb. 2.20) und die der ersten drei Fehlerarten wird in den folgenden Abbildungen (Abb. 2.21, 2.22, und 2.23) veranschaulicht. Diese beziehen sich auf eine mechanische Umdrehung. Zur besseren Veranschaulichung der Fehlerwirkung berücksichtigen die Szenarien der Abbildungen eine kleine Periodenzahl ($PPR = 16$) und haben deutlich überzogene Fehlerkomponenten. Auf die Darstellung der Wirkung der Signalstörungen wird verzichtet, da diese wie eine zufällige Mischung der drei anderen Fehlerarten zu interpretieren ist. Diese werden u. a. über das Signal-Rausch-Verhältnis beschrieben.

Tab. 2.1 Fehlerquellen für Winkelabweichungen innerhalb einer Sinus-Cosinus-Periode

Fehlerart	Fehler
Amplitudenfehler/Amplitudenungleichheit (Abb. 2.21)	$A_{sin} \neq A_{cos}$
Abweichung der Phasenlage der sinusförmigen Signale von der Quadratur (Abb. 2.22)	$\varphi_{sin}, \varphi_{cos} \neq 0°$
Offsetfehler (Abb. 2.23)	$O_{sin}, O_{cos} \neq 0\,V$
Störung der sinusförmigen Signale	$d_{sin}, d_{cos} \neq 0\,V$

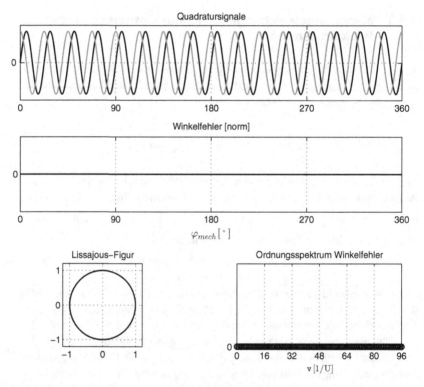

Abb. 2.20 Winkelfehlerbetrachtung bei perfekten Sinus-Cosinussignalen (PPR = 16): oben – Sinus-Cosinussignale, mitte – Winkelfehler, unten links – Lissajous-Figur, unten rechts – Ordnungsspektrum des Winkelfehlers

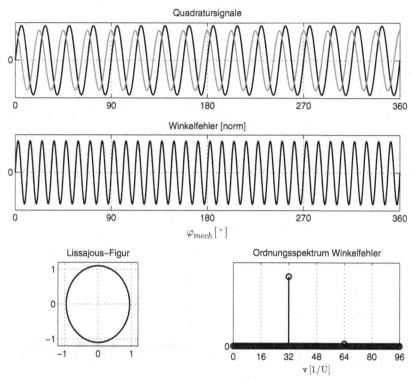

Abb. 2.21 Winkelfehlerbetrachtung bei Sinus-Cosinussignalen ungleicher Amplitude (PPR = 16): oben – Sinus-Cosinussignale, mitte – Winkelfehler, unten links – Lissajous-Figur, unten rechts – Ordnungsspektrum des Winkelfehlers

Folgende Daumenregeln können herangezogen werden, wenn ein Winkelfehler auf eine Umdrehung aus der Messung der elektrischen Signale abgeschätzt werden soll:

- Amplitudenfehler: $\hat{\varepsilon} \approx \dfrac{\pm 0,29°\,/\,\%}{PPR}$

- Offsetfehler: $\hat{\varepsilon} \approx \dfrac{\pm 0,57°\,/\,\%}{PPR}$ für den Offset in einem Signal bis

  $\hat{\varepsilon} \approx \sqrt{2} \cdot \dfrac{\pm 0,57°\,/\,\%}{PPR}$ wenn beide Signale den gleichen Offsetbetrag aufweisen

- Phasenfehler: $\hat{\varepsilon} \approx \dfrac{\pm 1,8°\,/\,\%}{PPR}$

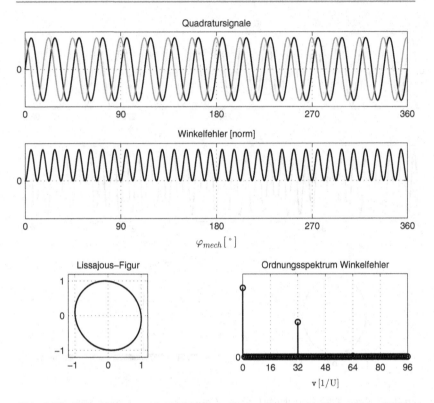

Abb. 2.22 Winkelfehlerbetrachtung bei Sinus-Cosinussignalen mit Phasenfehler (PPR = 16): oben – Sinus-Cosinussignale, mitte – Winkelfehler, unten links – Lissajous-Figur, unten rechts – Ordnungsspektrum des Winkelfehlers

Abb. 2.24 stellt dar wie der Winkelfehler für die drei Grundfehlerarten variiert. Dabei werden entsprechend die Amplituden, die Offsets und die Phasen des Sinus- und des Cosinussignals unabhängig voneinander verändert. Die Kurven berücksichtigen zusätzlich den Effekt der Anzahl der Perioden pro Umdrehung.

Gl. 2.22 vernachlässigt Abweichungen der sinusförmigen Signale von der idealen Sinusform, wie sie üblicherweise durch den Klirrfaktor beschrieben werden. Diese Abweichungen können verschiedene Ursachen haben. Abb. 2.25 zeigt ein Beispiel für diese Fehlerart und deren Wirkung auf den Winkelfehler. Dabei wird eine nichtlineare Kennlinie für die Signalverarbeitungskette angenommen.

All diese Fehlerarten können durch die zugrundeliegende Sensorik verursacht werden. Darüber hinaus hat aber auch die Sensorsignalverarbeitung in der

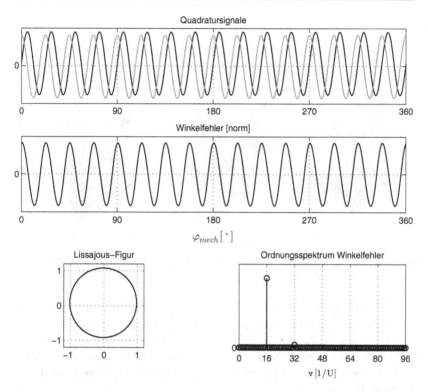

Abb. 2.23 Winkelfehlerbetrachtung bei Sinus-Cosinussignalen mit Offsetfehler (PPR = 16): oben – Sinus-Cosinussignale, mitte – Winkelfehler, unten links – Lissajous-Figur, unten rechts – Ordnungsspektrum des Winkelfehlers

gesamten Wirkkette einen hohen Einfluss. Amplitudenfehler werden, z. B. durch nicht angepasste Verstärkerstufen, unangepasste Serienimpedanzen in belasteten Schaltungsteilen oder Bauteiltoleranzen verursacht. Phasenfehler entstehen, z. B. durch unterschiedliche Gruppenlaufzeiten für die sinusförmigen Signale welche meist durch Bauteiltoleranzen der Komponenten der elektrischen Filter verursacht werden. Offsetfehler werden, z. B. durch nicht angepasste Verstärkerstufen oder Bauteiltoleranzen verursacht. Der Klirrfaktor wird, z. B. durch die Sensorik (z. B. geringfügige Schwankungen des Strichmusters), Nichtlinearitäten von Verstärkerstufen oder in der Analog-Digital-Wandlung eingeleitet.

Zusätzlich entstehen Fehler innerhalb einer Signalperiode durch die Interpolation. Geht man von der Interpolation gemäß Gl. 2.12 aus, so werden die

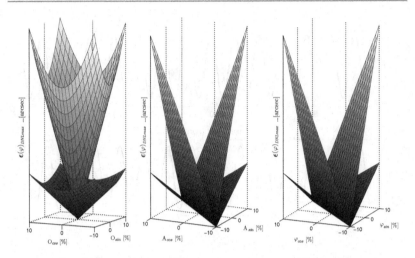

Abb. 2.24 Veränderung des Winkelfehlers für einen Drehgeber mit PPR = 16 und PPR = 64 über: links – Offset, mitte – Amplitude, rechts – Phase

Sinus-Cosinus-Signale mittels eines linearen Analog-Digital-Wandlers digitalisiert und dann anhand der Arkustangensfunktion in einen Winkel umgerechnet. Neben der AD-Wandler Auflösung hat der Algorithmus zur Arkustangensberechnung Einfluss auf das Ergebnis. Die anderen in Abschn. 2.3 beschriebenen Interpolationsverfahren führen ebenfalls Fehler in die Messung ein, auf die an dieser Stelle aber nicht eingegangen wird.

Diese Fehlerarten sind systematisch und können gegebenenfalls korrigiert werden (vgl. z. B. [6]), sofern sie nicht durch Umwelteinflüsse hervorgerufen oder verändert werden (z. B. Temperatur). Dies ist bei den Störsignalen nicht der Fall, da sie zufälliger Natur sind. Diese haben starken Einfluss auf die Wiederholgenauigkeit und die Reproduzierbarkeit. Die anderen Fehlerarten beeinflussen die Genauigkeit an sich.

Auch können Fehler durch nicht synchrone Abtastung der Sinus-Cosinus-Signale induziert werden. Ist man z. B. versucht den Analog-Digital-Wandler eines „einfachen" Mikroprozessors zu verwenden, so findet man für gewöhnlich einen Wandler mit einem vorgeschalteten Multiplexer ohne spezielle Mehrfach-Abtasthalteglieder (engl.: „sample-and-hold"). Die Quadratursignale können dann nur sequenziell erfasst werden. Dies hat im Winkelsignal die gleiche Wirkung wie ein Phasenfehler der Sinus-Cosinus-Signale. Allerdings ist dieser drehzahlabhängig. Für kleine Zeitunterschiede in der Abtastung im Verhältnis zur Periodenlänge gilt Gl. 2.23:

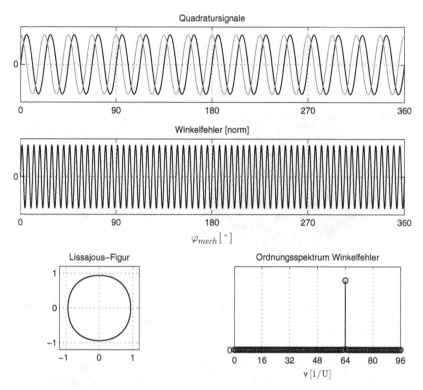

Abb. 2.25 Winkelfehlerbetrachtung bei perfekten Sinus-Cosinussignalen mit hohem Klirrfaktor (PPR = 16): oben – Sinus-Cosinussignale, mitte – Winkelfehler, unten links – Lissajous-Figur, unten rechts – Ordnungsspektrum des Winkelfehlers

$$\hat{\varepsilon} = \frac{\Delta t \cdot 360° \cdot n}{60} \tag{2.23}$$

($\hat{\varepsilon}$: maximale Fehleramplitude auf eine Umdrehung in Grad; Δt: Zeitversatz in der Abtastung in Sekunden; n: Drehzahl in 1/min)

Dabei fällt auf, dass der Fehler unabhängig ist von der Auflösung, im Sinne von Perioden pro Umdrehung. Die Reduzierung des Fehlers wird durch die höhere Signalfrequenz bei gegebener Drehzahl wieder aufgehoben. Abb. 2.26 zeigt wie sich der Fehler über Drehzahl und Zeitversatz verhält.

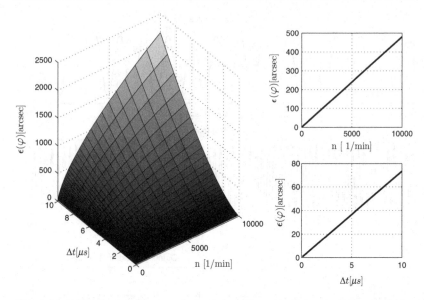

Abb. 2.26 Fehler durch Zeitversätze in der sin/cos-Abtastung: links – in Abhängigkeit des Zeitversatzes und der Drehzahl, rechts oben – in Abhängigkeit von der Drehzahl, rechts unten – in Abhängigkeit des Zeitversatzes

Aus diesen Betrachtungen lässt sich erkennen, dass der reale Winkel unter Berücksichtigung von Offset-, Amplituden-, Phasen-, und Signalformfehler der folgenden Funktion folgt:

$$\tilde{\varphi}_{mech,meas} = \varphi_{mech\,real} + \sum_{v} A_{v} \cdot \sin\left(v\omega t + \theta_{v}\right) \tag{2.24}$$

($\tilde{\varphi}_{mech,meas}, \varphi_{mech,real}$: der gemessene und der reale mechanische Winkel; v: die Ordnung einer Fehlerkomponente; A_{v}: die Fehleramplitude einer Ordnung; ω: die aktuelle Winkelgeschwindigkeit; t: die aktuelle Zeit; θ_{v}: die Phasenlage einer Fehlerkomponente)

Dabei gelten für die Ordnungen die Werte in Tab. 2.2.

Wird eine Drehzahl oder Winkelbeschleunigung aus der Winkelposition abgeleitet (vgl. Abschn. 2.1), so wirken sich Fehler der Winkelposition als Abweichungen der berechneten Drehzahl und Winkelbeschleunigung aus. Da in der Praxis die Drehzahlregelung von hoher Bedeutung ist, wird nur diese weiter betrachtet [5].

Tab. 2.2 Übersicht der Ordnungen verschiedener Winkelfehlerkomponenten

Fehlerkomponente	Ordnung (erstes Auftreten)
Integrale Nichtlinearität	$v = 1$
Offsetfehler	$v = PPR$
Amplitudendifferenz	$v = 2 \cdot PPR$
Phasenfehler	$v = 2 \cdot PPR$
Signalformfehler	$v = 4 \cdot PPR$

Die Drehzahl wird aus dem Winkel nach Gl. 2.4 berechnet. Verwendet man für den realen Winkel Gl. 2.24, so berechnet sich die sich ergebende Winkelgeschwindigkeit aus einem fehlerbehafteten Winkelsignal gemäß:

$$\tilde{\omega}_{meas} = \frac{\tilde{\omega}_{mech,meas}}{dt} = \omega_{real} + \sum_v A_v \cdot v\omega_{real} \cdot \cos\left(v\omega_{real}t + \theta_v\right) \qquad (2.25)$$

($\tilde{\omega}_{meas}, \omega_{real}$: die gemessene und der reale Winkelgeschwindigkeit; $\tilde{\varphi}_{mech,meas}$: der gemessene mechanische Winkel; v : die Ordnung einer Winkelfehlerkomponente; A_v : die Fehleramplitude einer Ordnung; t : die aktuelle Zeit; θ_v : die Phasenlage einer Winkelfehlerkomponente)

Anhand Gl. 2.25 kann man erkennen, dass die resultierenden Fehler in der Winkelgeschwindigkeit proportional zur Ordnungszahl v und zur Drehzahl ω zunehmen (relativ bleibt der Fehler in der Winkelgeschwindigkeit über die Drehzahl konstant). Somit führen auch die Winkelfehler mit höherer Ordnungszahl, selbst wenn sie zu kleinen Winkelfehlern führen, zu signifikanten Drehzahlabweichungen.

Begrenzt man die Betrachtung auf die in Tab. 2.2 aufgeführten Ordnungen ergibt sich für den Fehler der Winkelgeschwindigkeit folgende Gleichung:

$$\varepsilon_\omega = A_{INL} \cdot \omega_{real} \cdot \cos\left(\omega_{real}t\right) + A_{Ofs} \cdot PPR \cdot \omega_{real} \cdot \cos\left(PPR \cdot \omega_{real}t + \theta_{Ofs}\right)$$
$$+ A_{AMM} \cdot 2 \cdot PPR \cdot \omega_{real} \cdot \cos\left(2 \cdot PPR \cdot \omega_{real}t + \theta_{AMM}\right) + A_{Ph} \cdot 2 \cdot PPR \cdot \omega_{real} \cdot \qquad (2.26)$$
$$\cos\left(2 \cdot PPR \cdot \omega_{real}t + \theta_{Ph}\right) + A_{SigForm} \cdot 4 \cdot PPR \cdot \omega_{real} \cdot \cos\left(4 \cdot PPR \cdot \omega_{real}t + \theta_{SigForm}\right)$$

Ein Beispiel hierfür ist in Abb. 2.27 für einen Drehgeber mit 16 Perioden pro Umdrehung und einer Drehzahl von 100 UPM dargestellt. Die Fehler sind wieder deutlich vergrößert angenommen, um deren Effekt verdeutlichen zu können. Der Signalformfehler wird durch eine Begrenzung in der Amplitude erzwungen. Die Fehlerkomponenten für die Ordnungen 1, 16 und 32 sind so eingestellt, dass sie

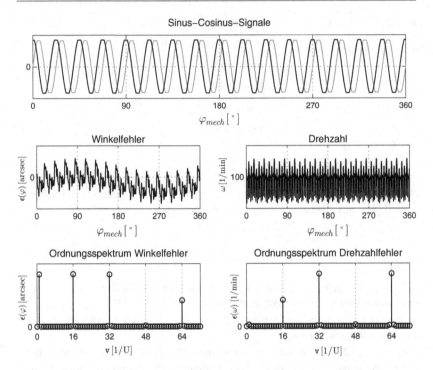

Abb. 2.27 Beispiel für den Einfluss von Winkelfehlern auf den Fehler in der Ermittlung der Winkelgeschwindigkeit (PPR = 16): oben – fehlerbehaftete Sinus-Cosinussignale, mitte links – Winkelfehler, mitte rechts – Drehzahlabweichung, unten links – Ordnungsspektrum des Winkelfehlers, unten rechts – Ordnungsspektrum des Drehzahlfehlers

den gleichen Anteil im Winkelfehlerspektrum erzeigen. Die 64te Ordnung ist halb so groß.

Es ist interessant zu beobachten wie die Drehzahl sich über die Ordnung verändert. Es bestätigt sich, dass die integrale Nichtlinearität kaum zu dem Fehler in der Drehzahlermittlung beiträgt, sehr wohl aber die differentielle Nichtlinearität, die sich aus den Ordnungen $x \cdot PPR$ zusammensetzt.

Beschreiben Gl. 2.24 und Abb. 2.27 das Verhalten im kontinuierlichen Fall, so stellt Abb. 2.28 die Verhältnisse dar, wenn die Sinus-Cosinus-Signale durch Analog-Digital-Wandler abgetastet werden. Der Fehler in der Ermittlung der Winkelgeschwindigkeit ist nun nicht mehr konstant über die Drehzahl, sondern abhängig von der Abtastfrequenz und der Auflösung. Das Szenario entspricht dem aus Abb. 2.27 mit variierenden Abtastparametern.

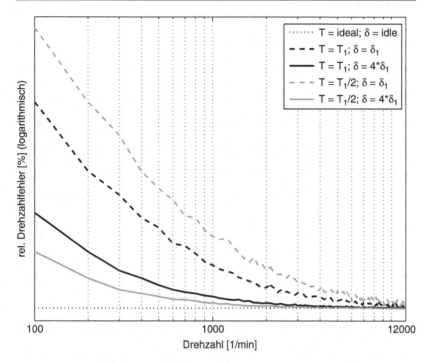

Abb. 2.28 Drehzahlfehler bei abgetasteten Sinus-Cosinussignalen in Abhängigkeit des Abtastintervalls T und der Drehgeberauflösung δ

Literatur

1. Ernst A (1998) Digitale Längen- und Winkelmeßtechnik – Positionsmeßsysteme für den Maschinenbau und die Elektronikindustrie. verlag moderne industrie, Landsberg/Lech
2. N.N. (2014) High-precision sine/cosine interpolation. White Paper, iC-Haus GmbH
3. Hopp DM (2012) Inkrementale und absolute Kodierung von Positionssignalen diffraktiver optischer Drehgeber. Dissertation, Universität Stuttgart
4. Samland T (2011) Positions-Encoder mit replizierten und mittels diffraktiver optischer Elemente codierten Maßstäben. Dissertation, Albert-Ludwigs-Universität Freiburg
5. Reimer J (2002) Drehzahlsensor nach dem Wirbelstromprinzip für Servoantriebe. Dissertation, Technischen Universität Carolo-Wilhelmina zu Braunschweig
6. Bünte A, Beineke S (2004) High-performance speed measurement by suppression of systematic resolver and encoder errors. In: IEEE transactions on industrial electronics, vol 51, no 1, Feb 2004

Sensorische Funktionsprinzipien

3

Zusammenfassung

Wie für viele andere Messaufgaben auch, stehen für die Winkelmessungen mehrere sensorische Funktionsprinzipien zur Verfügung. Bei der Winkelmessung ist die Vielfalt aber besonders groß, insbesondere, da einige der Funktionsprinzipien auch mit unterschiedlichen Varianten realisiert werden können. Es werden die optischen, magnetischen, induktiven, kapazitiven und resistiv-potentiometrischen Ausprägungen detailliert, die in Drehgebern zum Einsatz kommen. Dabei werden nicht nur die eigentlichen Prinzipien erläutert sondern auch Wert auf technisch-praktische Aspekte gelegt.

Zur Realisierung der Sensorik für Drehgeber stehen mehrere unterschiedliche physikalische Wirkprinzipien zur Verfügung [1, 2, 3, 4, 5, 6, 7, 8, 9, 10]. Alle Funktionsprinzipien folgen der Sender-Modulator-Empfänger-Konfiguration in der Anwendung des Drehgebers gemäß der Darstellung in Abb. 1.2. In den folgenden Kapiteln werden die sensorischen Grundkonzepte erläutert. Zu beachten ist, dass sich diese auf die Basissensorik beziehen und nicht auf Drehgeber (durch den Einbau eines Sensors in ein Gerät können Eigenschaften beeinflusst werden).

Winkel werden durch Industriesensoren nicht direkt gemessen (Kap. 2). Dies gilt im doppelten Sinne. Zum einen ist die Messgröße der Sensoren nicht ein Winkel sondern es sind Ströme, Spannungen, Widerstände oder Ladungen. Zum anderen muss der Winkel aus den gemessenen Größen erst berechnet werden. In den meisten

S. Basler, *Encoder und Motor-Feedback-Systeme*,
DOI 10.1007/978-3-658-12844-9_3

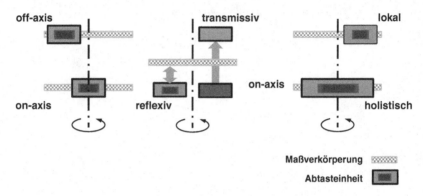

Abb. 3.1 Möglichkeiten zur Anordnung der Elemente des Sensors bei Drehgebern

Fällen stehen dazu sinusförmige Signale zur Verfügung, in wenigen Fällen ein winkelproportionales Signal.

An dieser Stelle sollen noch ein paar Aspekte eingeführt werden, die im Verlauf des Kapitels für die Konfiguration der Sensoren eine gewisse Rolle spielen (Abb. 3.1.):

- Die Sensorik wird oft so angeordnet, dass sich differentielle Signale ergeben ($\sin_{pos}$ und $\sin_{neg}$, sowie $\cos_{pos}$ und $\cos_{neg}$). Wird die Differenz gebildet ergeben sich die eigentlichen Sinus-Cosinus-Signale ($\sin = \sin_{pos} - \sin_{neg}$ respektive $\cos = \cos_{pos} - \cos_{neg}$). Dies hat den Vorteil, dass gleichartige Fehler auf den Signalen wie Offset oder Gleichtaktstörungen beseitigt oder zumindest reduziert werden.
- Ein Modulator kann zentrisch oder exzentrisch abgetastet werden. Bei der zentrischen Abtastung befinden sich Sender, Modulator und Empfänger entlang der Drehachse angebracht (engl.: „on-axis"). Bei der exzentrischen Abtastung ist der Modulator weiterhin zentrisch zur Drehachse, Sender und Empfänger sind aber in radialer Richtung entfernt von der Drehachse angebracht (engl.: „off-axis"). Dies ist von gewisser Bedeutung für den Geräteaufbau sowie für die Güte der Geräte hinsichtlich erreichbarer Auflösung und Genauigkeit.
- Die Wirkrichtung des physikalischen Effekts kann bei Drehgebersensorik transmissiv oder reflexiv orientiert sein. Bei einer transmissiven Anordnung befinden sich Sender, Modulator und Empfänger in einer Reihe. Der physikalische Effekt wirkt durch den Modulator hindurch. In einer reflexiven Anordnung befinden sich Sender und Empfänger auf der gleichen Seite relativ zum Modulator. Das modulierte Signal wird vom Modulator reflektiert.

- Eine Abtastung kann holistisch (dt.: ganzheitlich) oder partiell (dt.: teilweise) erfolgen. Bei einem holistischen Aufbau nutzt die Sensorik den Umfang des gesamten Modulators, bei einem partiellen wird nur ein Ausschnitt des Modulators zu einer Zeit genutzt.

In den folgenden Ausführungen wird weitestgehend auf quantitative Daten verzichtet. Diese sind stark von der Implementierung von Komponenten und Modulen abhängig. Entsprechend liegt der Fokus auf der Funktion und qualitativen Angaben.

3.1 Optische Funktionsprinzipien

3.1.1 Vorbemerkung

Drehgeber, die optische Prinzipien zur Abtastung verwenden, sind weit verbreitet. Speziell dort, wo technisch hoch bis höchst anspruchsvolle Aufgaben in Bezug auf Auflösung und Genauigkeit zu lösen sind, kommen sie zum Einsatz. Neben den Abtastprinzipien die diese Anforderung erfüllen gibt es aber auch optische Verfahren, die weniger auf höchste Auflösung getrimmt sind, ihre Vorteile aber in anderen Parametern ausspielen. Die unterschiedlichen, im Zusammenhang mit Drehgebern genutzten optischen Abtastprinzipien, werden folgend näher erläutert. Zuvor wird auf entsprechende Schlüsselkomponenten näher eingegangen.

3.1.2 Schlüsselkomponenten

3.1.2.1 Optische Codescheiben und Grundanordnungen

Der Modulator bei optischen Drehgebern ist eine mechanische Komponente mit speziellen optischen Eigenschaften und wird meist als Codescheibe bezeichnet (Gestalt kann aber von der Scheibenform abweichen). Die unterschiedlichen Funktionsprinzipien für optische Drehgeber unterscheiden sich primär über die Modulation des Lichts und somit über die Codescheibe. Diese interagiert mit dem Licht der Beleuchtungseinheit (Sender) und moduliert dadurch den Lichtstrom, der auf den optischen Empfänger auftrifft in der räumlichen Lichtverteilung, in der Intensität, in der Phase und/oder in der Polarisation.

Ist an dieser Stelle eher die Rede von einer Codescheibe, deutet dies eine axiale Anordnung von Sender, Modulator und Empfänger an. In radialen Anordnungen kommen trommelförmige Träger zum Einsatz. Die optisch modulierende Funktion ist auf der Mantelfläche aufgebracht. In dieser Anordnung sind überwiegend reflexive Systeme bekannt, transmissive Anordnungen aber auch möglich. Bei einfacheren Drehgebern besteht der Maßstab aus einem Band, welches auf einen zylinderförmigen Grundkörper aufgebracht wird. Die Genauigkeit wird hierbei durch die Stoßstelle am Umfang limitiert. Hochwertige Systeme werden direkt auf dem Grundkörper hergestellt (z. B. Laserablation oder Laserbelichtung). Bei der axialen Konfiguration, welche ohnehin die gängigere ist, sind sowohl reflexive als auch transmissive Strahlführungen bekannt. Können in einer transmissiven Anordnung alle Komponenten auf der optischen Achse angeordnet werden („on-axis"), so ist dies bei reflexiven Anordnungen schwierig („off-axis"). Ist eine on-axis Anordnung nicht möglich können Randeffekte durch die mechanischen Toleranzen und zusätzliche Winkel das Ergebnis der Messung beeinträchtigen (Abb. 3.2).

Bei optischen Drehgebern waren lange Zeit Maßverkörperungen (Codescheiben bzw. Codetrommeln) aus Glas üblich. Dabei wird ein Glaskörper als Träger verwendet, auf den eine für das optische Funktionsprinzip relevante Struktur aufgebracht wird. Dabei lassen sich bei Bedarf sehr feine Strukturen bis in den Mikrometerbereich aufbringen. Dies erhöht die Auflösung, aber auch die Anforderung nach genauer Montage. Glaskörper, speziell Glascodescheiben, haben den Ruf, dass sie bei harten mechanischen Einsatzbedingungen (Schock, Vibration) brechen können. Durch geeignete konstruktive Maßnahmen und die Materialauswahl ist dies jedoch unkritisch. Alternativ können Träger auch aus Kunststoff hergestellt werden (z. B. Polyester). Hier ist auf eine Langzeitstabilität in den mechanischen und optischen Eigenschaften zu achten (thermische und mechanische Stabilität, optische Trübung). Maßverkörperungen aus Kunststoff sind aufgrund der einfachen Verarbeitung und Handhabung günstiger als solche aus Glas. Eine weitere Alternative sind Maßverkörperungen aus Metall. Diese werden

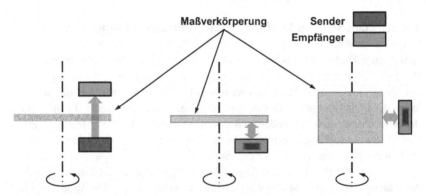

Abb. 3.2 Anordnungen bei optischen Drehgebern: links – Scheibe transmissiv, mitte – Scheibe reflexiv, rechts – Trommel reflexiv

vorwiegend für das Schattenbildverfahren eingesetzt und werden an entsprechender Stelle beschrieben (Abschn. 3.1.3). Sind bei Maßverkörperungen aus Glas mehrere Arbeitsschritte für die Herstellung des Trägers und der optischen Schichten notwendig, kann dies, je nach Funktionsprinzip bei Metall- und Kunststoff-Maßverkörperungen in einem Arbeitsschritt erfolgen, was sich positiv auf die Konzentrizität von Träger und Codierung auswirkt.

Die Codescheiben bei optischen Drehgebern sind meist gesonderte Komponenten, die auf die optische Funktion optimiert sind. Es lässt sich meist nicht realisieren, dass Codescheibe und Drehgeberwelle „aus einem Guss" hergestellt werden können. Entsprechend bestehen besondere Anforderungen in der Zentrierung und Fixierung von optischen Codescheiben. Dies gilt insbesondere, wenn hochauflösende und/oder hochgenaue Drehgeber realisiert werden sollen. Bei der Zentrierung ist es nicht maßgeblich die Codescheibe entsprechend der mechanischen Konturen zentrisch zur Welle anzubringen, sondern die Codestruktur(en). Dabei hilft es, wenn das mechanische Zentrum der Drehachse und die der Codestruktur möglichst übereinstimmen. Ist eine Codescheibe zentriert, muss sie so zur Welle fixiert werden, dass sie mechanisch langzeitstabil zentrisch angeordnet bleibt. Dazu wird die Codescheibe geklemmt oder mit der Welle verklebt.

3.1.2.2 Beleuchtungseinheit

Die Beleuchtungseinheit optischer Drehgeber besteht aus einer Lichtquelle, gegebenenfalls strahlformender Optik, und mechanischen Komponenten.

Wurden in der Anfangszeit noch Glühlampen als Lichtquelle in Drehgebern verwendet, so kommen heute ausschließlich Lichtquellen auf Halbleiterbasis zum Einsatz. Abhängig vom optischen Funktionsprinzip werden Leuchtdioden (engl.: „light emitting diode"; LED) oder Laserdioden genutzt.

Als Leuchtdioden werden zumeist Typen auf Galliumarsenid-Basis (GaAs) verwendet. Diese LEDs emittieren Licht im nahen infraroten Spektralbereich (NIR; $\lambda \cong 780 nm \ldots 3 \mu m$). Für Drehgeber werden Wellenlängen im Bereich von z. B. $\lambda = 830 \ldots 880 \ nm$ mit einer relativ großen spektralen Bandbreite von typisch $\Delta\lambda = 30 \ldots 50 \ nm$ eingesetzt. Dies ist in mehrfacher Hinsicht vorteilhaft. Photosensitive Sensoren auf Silizium-Basis haben hier eine hohe spektrale Empfindlichkeit. Somit wird die Lichtenergie mit gutem Wirkungsgrad in elektrische Energie umgewandelt. Demzufolge können die Leuchtdioden mit geringer elektrischer Leistung betrieben werden, was deren Lebensdauer erhöht. Daneben halten auch Leuchtdioden mit blauem Licht ($\lambda = 450 \ldots 500 \ nm$) Einzug in Drehgeber. Auch für diesen Wellenlängenbereich weisen Silizium-Sensoren eine gute spektrale Empfindlichkeit auf, haben aber den Vorteil einer geringeren Eindringtiefe in das Sensorsubstrat, was die Generierung von Störungen innerhalb eines komplexen Abtastchips reduziert. In Drehgebern eingesetzte LEDs weisen einen optischen Strahlungsfluss von einigen Milliwatt auf. Zu beachten ist, dass der Strahlungsfluss einen negativen Temperaturkoeffizienten aufweist. Entsprechend wird die LED bei gleichem Strom mit steigender Temperatur dunkler. Aus diesem Grund (neben weiteren Aspekten) werden LEDs in Drehgebern oft geregelt betrieben. Als Regelparameter dient meist die Vektorlänge (vgl. Gl. 2.13).

LEDs haben einen relativ großen Abstrahlwinkel, d. h. strahlen divergentes Licht ab (meist mit Lambert'scher Strahlcharakteristik). Dies ist in Drehgebern eher ungünstig. Nicht paralleles Licht generiert unerwünschte Signale. Auch ist bei kollimiertem (parallelem) Licht die Nutzung der Lichtenergie deutlich effektiver. Der Lichtstrom konzentriert sich auf einer kleinen Fläche. Entsprechend werden die Lichtquellen meist durch Kollimatorlinsen ergänzt. Diese formen aus einem divergenten ein möglichst kollimiertes Lichtbündel. Die Auslegung auf paralleles Licht erfordert eine vergleichsweise große Baulänge in Richtung der optischen Achse bedingt durch die Linse und die Auslegung des optischen Strahlengangs. Bei geeigneter Auslegung lassen sich kleine Strukturen, kompaktere Codeformen und somit hohe Auflösungen realisieren. Die Linsen selbst sind teilweise Bestandteil käuflicher LEDs. Die Linse wird meist mit dem Gehäuse kombiniert sei es als dedizierte Linse die in einen Halter, der das LED-Substrat mit umschließt gefasst wird, oder als technische Spritzgusskomponente, die neben der eigentlichen optischen noch mechanische Funktionen übernehmen kann. In Ausnahmefällen werden auch möglichst punktförmige Strahler verwendet (Abb. 3.3).

Für einige optische Drehgeberprinzipien wird die räumliche Kohärenz des Lichts vorausgesetzt, so dass Laserdioden verwendet werden müssen (Abschn. 3.1.4). Auch hier werden meist Typen genutzt, die Licht im infraroten Wellenlängenbereich emittieren. Neben den klassischen kantenemittierenden Laserdioden kommen auch vermehrt sogenannte VCSEL (engl.: „vertical cavity surface emitting LASER"; oberflächenemittierender Laser) zum Einsatz. Diese sind tendenziell günstiger und durch die Abstrahlung an der Oberfläche einfacher in der Handhabung. Auch hinsichtlich Lebensdauer und Temperaturbereich haben sie Vorteile gegenüber den Kantenemittern. Beim Einsatz von Lasern sind Schutzmaßnahmen erforderlich, speziell hinsichtlich Augensicherheit (zunehmend auch bei LEDs zu beachten). Anwender müssen dies nur dann beachten, wenn Drehgeber-Kits zum Einsatz kommen, d. h. das Laserlicht einen geschlossenen Bereich verlassen kann. Gefährlich ist dies insbesondere bei Wellenlängen im Infrarotbereich. Drehgeberhersteller müssen hier deutlich vorsichtiger agieren. Auch sind Laserdioden recht sensibel in der Handhabung. Bereits kleine durch elektrostatische Entladung eingebrachte Spannungen können die Laser nachhaltig stören, bis hin zur Unbrauchbarkeit.

Neben den unterschiedlichen optischen Eigenschaften zwischen Leucht- und Laserdioden ist zu beachten, dass Leuchtdioden erhältlich sind, die für deutlich höhere Umgebungstemperaturen genutzt werden können. So gibt es LEDs die für Umgebungstemperaturen bis zu +125 °C spezifiziert sind. Somit sind sie für den Einsatz in Motor-Feedback-Systemen geeignet. Laserdioden hingegen sind eher für Betriebstemperaturen bis ca. +70 °C erhältlich, wobei VCSEL auch mit Betriebstemperaturen darüber spezifiziert werden. Zu beachten ist bei allen halbleiterbasierten Leuchtquellen, dass die Lebensdauer mit der Betriebstemperatur stark abnimmt. Andere Temperatureffekte sind u. a. die Veränderung der Lichtintensität, der emittierten Wellenlänge (minimal) oder der Polarisation.

Die Lichtquellen können kontinuierlich oder gepulst betrieben werden. Kontinuierliches Licht wird benötigt, wenn der Sensorsignalpfad rein analog bzw. zeitkontinuierlich betrieben wird. Gepulste Systeme sind möglich, wenn eine Sensorinformation nur in definierten Intervallen oder nur auf Anfrage zur Verfügung stehen muss. Der Vorteil gepulster Systeme ist, dass die mittlere Leistung reduziert wird und die Lebensdauer der Lichtquelle steigt.

3.1.2.3 Photoelektrische Empfänger

Als Empfänger kommen für optische Drehgeber photoelektrische Sensoren zum Einsatz. Die verwendeten Photoempfänger wandeln optische Energie in elektrische. In optischen Drehgebern werden Photodioden gegenüber Phototransistoren bevorzugt. Photowiderstände spielen keine Rolle. Bei Photodioden wird durch den inneren Photoeffekt durch Absorption von auftreffenden Photonen Ladungsträger erzeugt, wodurch sich die Leitfähigkeit des Materials erhöht. Abhängig ist die Größe des maximal generierten elektrischen Stroms u. a. von der Lichtmenge und dem Spektrum des empfangenen Lichts. Dabei ist die spektrale Empfindlichkeit

Abb. 3.3 schematische Darstellung einer Beleuchtungseinheit

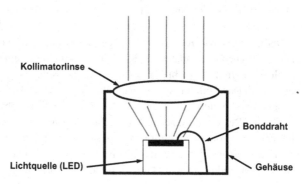

Kollimatorlinse

Bonddraht

Lichtquelle (LED)

Gehäuse

abhängig vom verwendeten Photodiodenmaterial. So gibt es Photodioden auf Silizium-Basis mit einer relativen spektralen Empfindlichkeit bis 50 % der maximalen Empfindlichkeit im Bereich von $\lambda = 500...1100nm$. Bei der Betrachtung des Photodiodenstroms ist zu bedenken, dass es kein negatives Licht gibt. Der „Dunkelstrom", d. h. der Strom der fließt, wenn vom photoelektrischen Empfänger kein Lichtsignal empfangen wird, wirkt als Offset. Zu beachten ist, dass der Dunkelstrom nicht stabil ist, sondern insbesondere von der Betriebstemperatur der Photodioden abhängt (positiv, exponentieller Verlauf). Um diese Effekte zu reduzieren werden differentielle Diodenstrukturen verwendet. Das Verhältnis aus minimalem und maximalem Strom bezeichnet man als Kontrast. Dieser ist von großem Interesse da ein hoher Wert für eine gute Signalqualität erforderlich ist. Es gibt mehrere Definitionen für diesen Kennwert. Die gängigste ist der sogenannte Michelson-Kontrast gemäß Gl. 3.1:

$$K = \frac{I_{max} - I_{min}}{I_{max} + I_{min}} \tag{3.1}$$

(K: Kontrast, [□]; I_{max}, I_{min}: maximaler und minimaler Photodiodenstrom innerhalb einer oder über mehrere Signalperioden hinweg in [A])

Neben dem Kontrast ist auch das eigentliche Rauschen innerhalb des Systems bestimmend für das Signal-Rausch-Verhältnis. Das Rauschen im Zusammenhang mit photoelektrischen Sensoren setzt sich zusammen aus dem Photonenrauschen (unregelmäßiges Eintreffen von Photonen), dem Rauschen der Photodioden (Schrotrauschen, thermisches Rauschen, Generations-Rekombinations-Rauschen) sowie dem Rauschen der Signalverarbeitungskette. Relevant sind diese Betrachtungen für die Auslegung der Signalverarbeitungskette. Generell sind die generierten elektrischen Ströme recht gering, so dass sie durch einen Spannungsfolger, oder besser noch einen Transimpedanzverstärker, vor der weiteren Verarbeitung geeignet verstärkt werden.

Der Einfluss von Fremdlicht ist bei geschlossenen Drehgebern unkritisch, wohl aber bei offenen Drehgebern wie Kits. Eine Maßnahme kann die Verwendung von Bandpassfiltern (z. B. Farbfilter) sein, die auf die Wellenlänge der Lichtquelle ausgelegt sind. Diese Filter können mit einem Schutzglas als Bestandteil des optischen Gehäuses kombiniert sein. Generell ist bei dem Gehäuse photoelektrischer Empfänger eine Reihe von Aspekten zu beachten. Das Gehäuse wird benötigt, um den Halbleiterchip vor äußeren Einflüssen zu schützen, es darf aber nicht die optischen Eigenschaften des Systems negativ beeinflussen. Insbesondere das Schutzglas (hier wird eigentlich auch nur Glas verwendet), das direkt über den photosensitiven Flächen angeordnet ist. Zu beachten ist eine gute Aufbau- und Verbindungstechnik sowie eine durchgängige Betrachtung der Brechungsindizes. Meist ist das Glas auch mit einer Antireflexschicht versehen um (Mehrfach-)Reflexionen zwischen Empfänger und Modulator zu reduzieren.

Photodioden werden als Einzelkomponente, als Photodiodenfeld (Halbleiterchip mit mehreren Photodioden, bis hin zu pixel-orientierten Anordnungen) oder integriert auf einem komplexen Halbleiterchip eingesetzt. Zur besseren Anpassung der örtlichen Eingrenzung der photosensitiven Flächen können auf die Photodioden noch zusätzliche Masken aufgebracht werden. Sind die Photodiodenstrukturen auf einem Halbleiterchip eingearbeitet, welcher es ermöglicht neben den eigentlichen Photodioden weitere Funktionen zu integrieren, spricht man von Opto-ASICs (engl.: „application specific integrated circuit"; nur ein Anwender) oder von Opto-ASSPs (engl.: „application specific standard product"; ein Hersteller bedient mehrere Gerätehersteller). Diese Funktionsblöcke können sein: die Transimpedanzverstärker, weitere analoge Blöcke (z.B. für den Signalabgleich von Offset und Amplitude), die Signalaufbereitung (Analog-Digital-Wandler, Komparatoren, Interpolatoren) sowie Überwachungs- und Fehlererkennungsfunktionen für den zuverlässigen Betrieb von Drehgebern. Häufig findet sich auch zusätzlich eine Senderstromregelung, welche die eintreffende Lichtleistung über Temperatur, Alterung und Verschmutzung über den Strom der Lichtquelle konstant regelt und so den Arbeitspunkt der Empfängerschaltung stabilisiert. Als Regelsignal dient dazu meist die Vektorlänge (vgl. Gl. 2.13) der hochauflösenden Signale. Ist eine hohe funktionale Integration vorgesehen werden CMOS-Technologien (engl.: „complementary metal-oxide semiconductor"; komplementärer Metall-Oxid Halbleiter) eingesetzt. Diese Technologie hat sich für komplexe photoelektrische Komponenten bewährt und bietet einen Kostenvorteil aufgrund ihrer hohen Funktionsdichte, speziell wenn große digitale Funktionsblöcke integriert werden. Neben den elektronischen Funktionen kann auf einem CMOS-Halbleiter auch die Photomaske über die Metalllagen realisiert werden. Durch die immer feineren Strukturen die durch den Silizium-Halbleiterprozess möglich sind, kann die Konturtreue der Maske verbessert werden, können aber auch immer engere Strukturen der Photodioden hergestellt werden, was eine höhere räumliche Auflösung ermöglicht. Diese Möglichkeit darf aber nicht darüber hinwegtäuschen, dass die effektive photonische Fläche für die Signalgröße relevant ist (Abb. 3.4).

Photodioden spezifizieren neben der Schwerpunktwellenlänge und dem spektralen Wellenlängenbereich weitere photonische Parameter. Paart man die spektrale Empfindlichkeit in [A/W] und die photonisch effektive Fläche mit den korrespondierenden Parametern der Beleuchtungseinheit und Faktoren, die sich auf dem Lichtweg ergeben, können Photoströme ermittelt werden. Daneben gilt es elektrische Parameter, wie die Bandbreite zu berücksichtigen.

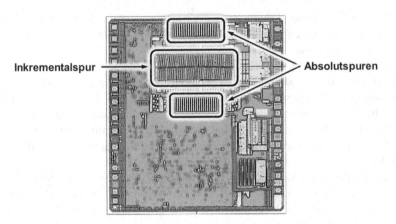

Abb. 3.4 schematisierte Darstellung eines Abtast-ASICs für einen optischen Drehgeber (Quelle: in Anlehnung an SICK STEGMANN GmbH)

3.1.3 Schattenbildverfahren

Bei optischen Drehgebern wird das Prinzip des Schattenbildverfahrens am Häufigsten verwendet (Tab. 3.1). Es wird so bezeichnet, da ein Schattenbild des Codes einer Maßverkörperung auf den Photoempfänger projiziert wird. Entsprechend handelt es sich um eine Projektion (idealerweise Parallelprojektion) nicht um eine Abbildung wie oft fälschlicherweise beschrieben (es gibt keine Abbildungsoptik). Auch das Moiré-Prinzip, das in Abschn. 3.1.5 behandelt wird, wird oft inkorrekt mit dem Schattenbildverfahren gleichgesetzt. Andere mögliche Bezeichnungen wären Durchlicht- oder Reflexlichtverfahren (abhängig von der Anordnung) oder Lichtschrankenverfahren. Soweit zur Begrifflichkeit.

Grundsätzlich wird mittels einer Lichtquelle eine Maßverkörperung beleuchtet. Diese Maßverkörperung besitzt bei einem transmissiven Aufbau

Tab. 3.1 Sender-Modulator-Empfänger des nach dem Schattenbildverfahren arbeitenden optischen Drehgebers

Merkmal	Ausprägung
Sender	Beleuchtungseinheit
Modulator	Codescheibe mit lichtdurchlässigen und –undurchlässigen Feldern (transmissive Anordnung) bzw. reflektiven und absorbierender Feldern (reflexive Anordnung)
Empfänger	Strukturierter Photoempfänger

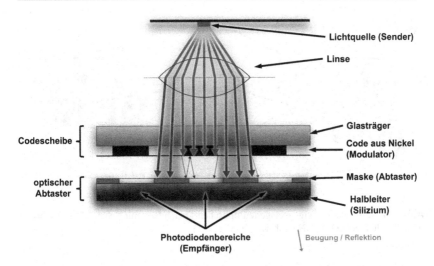

Abb. 3.5 Schattenbildverfahren als optisches Abtastprinzip (Quelle: SICK STEGMANN GmbH)

lichtdurchlässige und lichtundurchlässige Felder (Abb. 3.5). Das sich ergebende Lichtmuster projiziert auf den Photoempfänger ein räumliches und drehwinkelabhängiges Hell-Dunkel-Muster. Die Anordnung der Felder repräsentiert das zu generierende Codemuster. Dies entspricht im weiteren Sinne dem Lichtschrankenprinzip, das gerne zur Verdeutlichung des Schattenbildverfahrens herangezogen wird. Bei einem reflexiven Aufbau wird das Licht durch reflektierende und absorbierende Felder moduliert. Im weiteren Verlauf wird die transmissive Konfiguration beschrieben. Die meisten Aspekte gelten analog auch für den reflexiven Aufbau.

In einem transmissiven Aufbau ist die Maßverkörperung eine Codescheibe, die zentrisch auf die Drehgeberwelle aufgebracht ist (Abb. 3.6). Beleuchtungseinheit und Empfangseinheit umschließen die Codescheibe in axialer Richtung. Die Beleuchtungseinheit (Abschn. 3.1.2.2) ist so auszulegen, dass die photosensitiven Bereiche des Empfängers möglichst gleichmäßig ausgeleuchtet werden. Projektionsfehler, welche die Signale entlang des Lichtweges „verzerren" und das System empfindlich auf mechanische Toleranzen machen, werden durch möglichst kollimiertes Licht reduziert. Je kleiner die Strukturen der Maßverkörperung, desto besser müssen weitere Randbedingungen eingehalten werden, wie geringer Abstand zwischen Codescheibe und Empfänger und geringe Abstandstoleranzen. Strukturgrößen kleiner 10 µm sind nicht üblich. Aus optischer Sicht sind auch

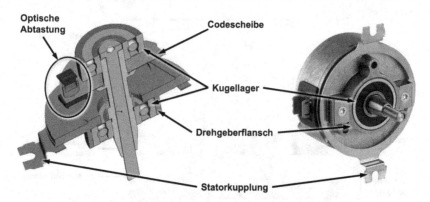

Abb. 3.6 Aufbau eines eigengelagerten optischen Drehgebers mit Schattenbildverfahren (Quelle: SICK STEGMANN GmbH)

Beugungseffekte und Reflexionen zu beachten, da diese stark in die Signalgüte eingehen. Es lassen sich Drehgeber mit sehr hoher Auflösung realisieren.

Die Beleuchtung eines absoluten Codemusters wird üblicherweise mit nur einem Sender realisiert. Traditionelle Anordnungen radialer Spuren unterschiedlicher Periodizität (vgl. Abb. 2.7) haben ein ungünstiges Längen-Seiten-Verhältnis, wofür eine große, kreisförmige Beleuchtungsfläche benötigt wird. Die tangentiale Anordnung des Codemusters des Pseudo-Random-Code (vgl. Abb. 2.10) ist hier günstiger, da eine kleinere, nahezu runde Fläche auszuleuchten ist.

Der photoelektrische Empfänger hat üblicherweise jeder Codespur der Codescheibe ein Empfängerelement zugeordnet, das in Form und Größe der Spur angepasst ist. Häufig werden zusätzlich Blenden verwendet, welche eine exakte Anpassung der effektiven lichtempfindlichen Fläche an den Code ermöglichen. Dabei kann die Form der Aussparungen auch dazu benutzt werden die Form des photoelektrischen Signals bewusst zu formen. Im einfachsten Fall hat die Blende rechteckförmige bzw. trapezförmige Strukturen, wie es auf der Maßverkörperung auch der Fall ist. Daraus ergibt sich bei einer Drehbewegung ein dreieckförmiges Signal, welches durch einen Schwellwertschalter in ein rechteckförmiges Signal umgesetzt wird. So ist die Vorgehensweise bei einfachen Inkrementalgebern. Ist ein sinusförmiges Signal gewünscht, wird die Blende so gestaltet, dass die Blendenlöcher geschwungen geformt sind ($\sin^2$-ähnlich). Die Faltung der Formen auf der Maßverkörperung und der Blende ergibt rechnerisch ein Sinussignal. Da in der Realität Störeffekte (z. B. Beugung) die Sinusform verzerren, kann die geometrische Form der Blende angepasst werden, um das Signal zu optimieren (geringerer Klirrfaktor). Die Blende (Maske, Retikel) kann entweder

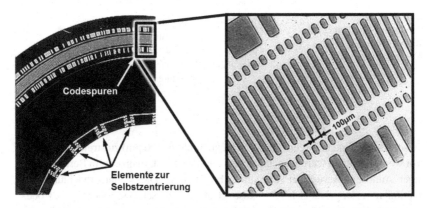

Abb. 3.7 Elektroformierte Federstruktur am Innendurchmesser einer Metallcodescheibe (Quelle: in Anlehnung an SICK STEGMANN GmbH)

zwischen Beleuchtungseinheit und Codescheibe oder zwischen Codescheibe und Empfänger angeordnet sein. Der zweite Fall ist der gängigere, da die Blende direkt auf den Empfänger aufgebracht werden kann. Bei komplexeren Opto-ASICs muss die Blende meist nicht mehr als separater Prozess auf dem Empfänger ausgerichtet und fixiert werden, sondern ist direkt in der Metallisierungsebene realisiert. Für einfache Inkrementalgeber werden einfache Diodenbaugruppen mit zusätzlichen Blech-Lochblenden verwendet. Die Lochblende lässt sich einfach und günstig an die Strichzahl und Strukturgröße der Codescheibe anpassen. Sind Quadratursignale gewünscht (zwei um 90° elektrisch phasenversetzte Signale für eine Spur) werden die Codespur auf der Maßverkörperung und Blenden- und Photodiodenstruktur der Empfängereinheit entsprechend angepasst, dass beide Signale generiert werden. Das Schattenbild kann auch auf einen neutralen Sensor projiziert werden, der in seiner Form nicht an die optischen Strukturen der Codescheibe angepasst ist (z. B. ein pixelbasierter Kamerasensor). Dieses Verfahren benötigt aufwändige Algorithmen und hohe Rechenleistung, da die Codeinformation aus der Bildinformation rekonstruiert werden muss.

Codescheiben für das Schattenbildverfahren können auf unterschiedliche Art hergestellt werden. Bei Glas- und Kunststoffscheiben wird eine Chrom-Schicht auf einer Seite aufgebracht, darüber ein lichtempfindlicher Lack aufgetragen, das Codemuster belichtet und anschließend die Chromschicht in einem nasschemischen Prozess strukturiert. Bei metallischen Scheiben (Abb. 3.7), galvanisch oder mit Ätzverfahren hergestellt, sind die Funktionen Maßverkörperung und Träger in einem Material vereint und in einem Arbeitsprozess hergestellt. Im Unterschied zur

Tab. 3.2 Sender-
Modulator-Empfänger bei
diffraktiver
Drehgebersensorik

Merkmal	Ausprägung
Sender	Kohärente Lichtquelle, z. B. Laserdiode, VCSEL
Modulator	Codescheibe mit optisch-diffraktiven Strukturen
Empfänger	Photodioden

Beschichtung sind hier relativ dicke Schichten (bis zu 100 μm) zu strukturieren. Bis vor wenigen Jahren wurden metallische Codescheiben deshalb nur im Bereich niedriger Auflösung verwendet (Strukturen bis 50 μm). Die Weiterentwicklung und Optimierung der galvanischen Prozesse erlaubt es inzwischen sehr homogene Codescheiben für hochauflösende Drehgeber herzustellen. Neben der Bruchfestigkeit ist vor allem die Möglichkeit selbstzentrierender Metallcodescheiben ein markanter Vorteil gegenüber Glasscheiben. Kunststoffscheiben sind aufgrund der einfachen Verarbeitung und Handhabung günstiger als Glasscheiben. Sie werden jedoch meist nur bei niederen Strichzahlen und anspruchslosen Einsatzbedingungen verwendet.

3.1.4 Verfahren basierend auf optischer Beugung

Basis diffraktiver (beugender) Funktionsprinzipien sind sogenannte Beugungsgitter und Lichtquellen, die kohärentes Licht erzeugen [12, 17, 18] (Tab. 3.2). Mikrostrukturierte, periodische Gitter, die geeignet sind Licht zu beugen, werden mittels unterschiedlicher Fertigungsverfahren in einen Träger eingebracht. Die Gitterperioden sind im Bereich weniger Mikrometer und knapp darunter. Durch die Verwendung kohärenten, und damit monochromatischen Lichts in Drehgebern ergeben sich diskrete Beugungsordnungen. Die diffraktiven Komponenten werden in Durchlicht oder Reflexion betrieben. Mindestens eine Beugungsstruktur wird verwendet, die als Maßverkörperung auf einen Träger aufgebracht ist. Es gibt mehrere Prinzipien, die sich durch die Anzahl und Anordnung der diffraktiven Elemente unterscheiden. Zwei davon werden an dieser Stelle kurz erläutert.

Zur Erreichung höchster Auflösungen bis in die Größenordnung weniger Nanometer oder gar Pikometer, und somit im Sub-Winkelsekunden-Bereich, wird ein optisch, diffraktives Prinzip auf Basis zweier Beugungsgittern verwendet. Bei der Beugung am Beugungsgitter erfährt der Lichtstrahl eine Ablenkung (Beugungsordnungen ≠ 0) und eine positionsabhängige Phasenverschiebung. Wird ein Strahl kohärenten Lichts in zwei Teilstrahlen aufgeteilt und nach

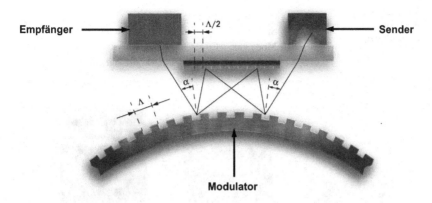

Abb. 3.8 Prinzip der Drehgeber mit diffrativer Optik (in Anlehnung an [12])

Durchlaufen unterschiedlicher optischer Pfade wieder überlagert, so entsteht eine Interferenz und bei geeigneter optischer Anordnung ein Interferenzmuster (Abb. 3.8). Die Interferenz wird hier also nur zur Messung der Phasenverschiebung verwendet, die drehwinkelabhängige Modulation resultiert jedoch aus der Beugung. Als Empfänger werden Photodioden oder strukturierte Photodiodenfelder eingesetzt.

Neben den höchstauflösenden Systemen lassen sich Beugungseffekte auch für weniger hochauflösende Drehgeber verwenden [17]. Es kommt nur ein Beugungsgitter zum Einsatz, das auf die Codescheibe aufgebracht ist. Von einem Laser erzeugtes, kohärentes Licht wird an der diffraktiven Struktur in Abhängigkeit von der Winkelstellung der Codescheibe gebeugt. Dadurch wird das Licht zum Empfänger hin oder davon abgelenkt. Ein Empfänger ist so ausgelegt, dass er eine winkelabhängige Intensitätsmodulation durch die erste Beugungsordnung erfährt. Durch geeignete Maßnahmen entsteht eine sinusförmige Intensitätsmodulation an der Photodiode. Durch Anordnung mehrerer mikrooptischer Strukturen lassen sich Quadratur- und/oder Differenzsignale erzeugen.

Im Bereich diffraktiver Optik werden mikrostrukturierte Scheiben aus Metall, Kunststoff oder Glas eingesetzt. Die Strukturtiefen sind kleiner als die Wellenlänge des verwendeten Lichts ($\lambda/2$ od. $\lambda/4$) und die Perioden im Mikrometerbereich. Die Strukturen werden entweder durch mikromechanische Verfahren (z. B. Mikro-Diamantfräsen), Laser-Ablation oder durch lithografische Verfahren erzeugt. Codescheiben aus Kunststoff lassen sich durch Heißprägeverfahren oder Spritzprägeverfahren sehr kostengünstig herstellen.

Tab. 3.3 Sender-Modulator-Empfänger des Moiré-Prinzips

Merkmal	Ausprägung
Sender	Lichtquelle (ggf. mit Gitterscheibe)
Modulator	Codescheibe mit Gitterstruktur
Empfänger	Photoempfänger (ggf. mit Gitterscheibe)

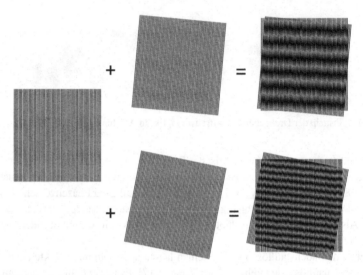

Abb. 3.9 Verdrehungsmoiré

3.1.5 Weitere optische Funktionsprinzipien

Werden zwei Raster übereinander gelegt und beleuchtet kann man den Moiré-Effekt beobachten (franz. „moirer"; marmorieren). Werden Raster mit periodischen, linienförmigen Gittern verwendet ergeben sich Moiré-Linien welche ein scheinbar gröberes Raster haben als die Gitter. Werden die Gitter relativ zueinander bewegt ergibt sich eine Veränderung der Moiré-Muster, welche als Intensitätsmodulation erfasst werden können (Tab. 3.3). Dabei kann die relative Bewegung eine Verdrehung (Verdrehungsmoiré) oder eine Verschiebung (Verschiebungsmoiré) sein.

Beim Verdrehungsmoiré werden zwei Gitter gleicher Periode zueinander verdreht (Abb. 3.9). Dabei ändert sich der Abstand der Moiré-Streifen in Abhängigkeit des Winkels:

$$d = \frac{g}{2 \cdot \sin\dfrac{\varphi}{2}} \approx \frac{g}{\varphi} \qquad (3.2)$$

(d: Streifenperiode in [m]; g: Gitterperiode in [m]; φ: Verdrehwinkel in [rad])
Werden die Gitter in konstanter Winkellage zueinander verdreht, so wandern diese Streifen quer zur Bewegungsrichtung. Bei diesem Prinzip ist zu beachten, dass sich bereits bei geringfügigen Änderungen in der Verkippung der Gitter zueinander eine Änderung der Periodenlänge ergibt.

Beim Verschiebungsmoiré werden zwei Gitter leicht unterschiedlicher Periode verwendet (vgl. Nonius-Prinzip; Abschn. 2.4.2, Abb. 2.8). Auch hier ergibt sich ein Moiré-Raster:

$$d = \frac{g_1 \cdot g_2}{|g_1 - g_2|} \qquad (3.3)$$

(d: Streifenperiode in [m]; g_1, g_2: Perioden der Gitter in [m])
Werden die parallel zueinander ausgerichteten Gitter quer zur Gitterrichtung verschoben, wandert das Moiré-Muster mit der Bewegungsrichtung. Ist das eine Gitter stationär und das zweite am Umfang einer Codescheibe angebracht, ergibt sich dadurch eine winkelabhängige Verschiebung und somit eine räumliche Intensitätsmodulation. Da dieses Verfahren im Prinzip stark an das Schattenbildverfahren erinnert (Maske als ein Gitter, Codescheibe als zweites), wird das Schattenbildverfahren fälschlicherweise als Moiré-Verfahren bezeichnet. Die Ausgestaltung der Strukturen und damit die Wirkung im Gerät sind aber unterschiedlich.

Da Moiré-Systeme mit der Modulation von Lichtintensitäten arbeiten, werden auch hier Photodioden und strukturierte Photodiodenfelder als Empfänger eingesetzt. Im Aufbau ist sehr darauf zu achten, dass nur die Bewegungsrichtung beeinflussbar und ansonsten das System gut justiert ist, da sich Nebeneffekte stark auf das Messergebnis auswirken.

Polarisationsdrehgeber sind bisher wenig bekannt [13], kommen sie doch vereinzelt nur im Konsumerbereich zum Einsatz. Bei diesen Drehgebern wird die optische Polarisation zur Winkelerfassung genutzt. Um den Effekt experimentell nachzustellen hält man zwei lineare Polarisatoren übereinander (d. h. in Durchlicht wirkende Polarisationsfilter) und gegen nicht polarisiertes Licht. Man erkennt eine Intensitätsänderung wenn der eine Polarisator gegen den anderen verdreht wird. Den Polarisator auf dem stationären Teil des Systems bezeichnet man als Analysator den auf der Welle als Modulator (Tab. 3.4).

Tab. 3.4 Sender-
Modulator-Empfänger des
Polarisationsencoders

Merkmal	Ausprägung
Sender	Lichtquelle, ggf. polarisiert
Modulator	Optischer Polarisator
Empfänger	Photoempfänger, ggf. mit Polarisationsfiltern

In der Umsetzung als Drehgeber wird ein Polarisator an der Welle angebracht und wird somit zu einer Codescheibe. Ein zweiter Polarisator ist dem stationären Teil zugeordnet. Dieser kann dabei entweder zwischen Lichtquelle und Codescheibe oder zwischen Codescheibe und Photoempfänger angeordnet sein. Im ersten Fall wird bereits polarisiertes Licht winkelabhängig polarisationsoptisch moduliert. Im zweiten Fall wird nicht linear polarisiertes Licht durch den auf der Welle befindlichen Polarisator ein linearer Polarisationszustand aufgeprägt. Der Polarisationszustand hängt von der Winkelstellung der Welle bzw. des Polarisators ab. Den Polarisationsfilter auf dem Empfänger passiert nur der Teil des Lichts mit einem entsprechenden vektoriellen Polarisationszustand. In beiden Fällen trifft auf die Oberfläche des Photoempfängers intensitätsmoduliertes Licht. Diese Intensitätsänderung folgt dabei dem Gesetz von Malus für eine linear polarisierte Welle gemäß Gl. 3.4:

$$i = \mathrm{I} \cdot \cos^2(\varphi) \tag{3.4}$$

(i: momentane Intensität; I: max. Intensität; φ: Verdrehwinkel in [rad])

Somit ist die Intensität proportional zum $\cos^2$ des Verdrehwinkels. Auf eine Umdrehung einer Welle ergeben sich somit inhärent zwei elektrische Perioden pro Umdrehung. Mit diesem einen Signal lässt sich kein mechanischer Winkel über eine elektrische Periode ermitteln. Verwendet man aber einen weiteren Analysator, dessen Polarisationsrichtung 45° zum ersten Polarisator ausgerichtet ist, so erhält man ein Signal proportional zu $\sin^2$. Verwendet man nun mehr als zwei Polarisatoren mit unterschiedlichen Polarisationswinkeln, so erhält man mehrere $\cos^2$-förmige Signale mit unterschiedlichen elektrischen Phasen (z. B. $\cos^2$, $\sin^2$, $-\cos^2$ und $-\sin^2$), die wiederum in einen mechanischen Winkel umgerechnet werden können. Abb. 3.10 zeigt das Prinzip und Abb. 3.11 die sich ergebenden Signale für einen Polarisationsdrehgeber mit vier Polarisationsfiltern auf vier Photoempfängern.

Ein Vorteil von Drehgebern basierend auf der optischen Polarisation liegt in den großen mechanischen Toleranzen. Dies begründet sich darin, dass die Polarisation des Lichts räumlich unabhängig ist.

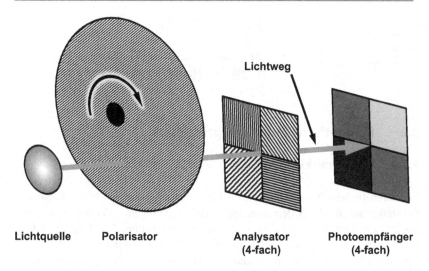

Lichtweg

Lichtquelle   **Polarisator**   **Analysator**   **Photoempfänger**
                                     (4-fach)   **(4-fach)**

Abb. 3.10   Prinzip eines optischen Polarisationsdrehgebers

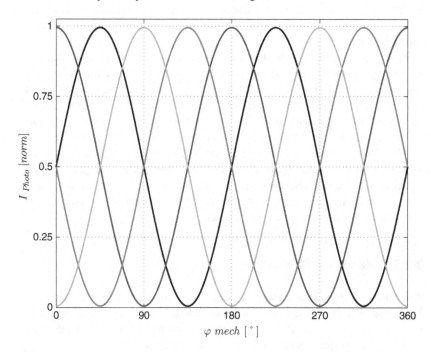

Abb. 3.11   Signale eines 4-phasigen optischen Polarisationsdrehgebers

Tab. 3.5 Sender-
Modulator-Empfänger
Einordnung für magneti-
sche Drehgebersensorik

Merkmal	Ausprägung
Sender	Permanentmagnet
Modulator	Magnetische Polteilung eines Magneten
Empfänger	Magnetsensitives Element

3.2   Magnetische Funktionsprinzipien

3.2.1   Vorbemerkungen

Bei magnetischen Drehgebern spielen Permanentmagnete eine tragende Rolle.
Sie stellen aufgrund des Permanentmagnetfeldes den Sender dar und durch die
magnetische Polteilung und die sich dadurch ergebende räumliche Verteilung des
magnetischen Feldes, auch den Modulator. Aufgrund dieser Eigenschaft kann
auch nicht sinnvoll zwischen transmissiver oder reflexiver Konfiguration unterschieden werden. Da die Pole immer paarweise auftreten (Nord- und Südpol)
bezieht man sich begrifflich oft auch auf das Polpaar. In vielen Betrachtungen
muss aber darauf geachtet werden, ob von einem Pol oder dem Polpaar gesprochen wird (Tab. 3.5).

Eine Besonderheit magnetischer Sensorsysteme ist die Tatsache, dass magnetische Energie dauerhaft zur Verfügung steht, d. h. auch ohne Zuführung elektrischer
Energie. Dies wird in speziellen Multiturn-Ausprägungen genutzt, welche nicht
absolut codiert, sondern absolut zählend sind (Abschn. 3.2.4). Entsprechend ist
aber auch darauf zu achten, dass der Magnet nicht durch äußere Einflüsse, z. B. star-
ke magnetische Felder, ummagnetisiert wird.

Magnetische Sensoren lassen sich nicht nur durch externe Magnetfelder stören
sondern auch durch eine ferromagnetische Umgebung oder ferromagnetischen
Schmutz (z. B. Eisenstaub). Dies wird deshalb besonders erwähnt, da in Anwendungen von Drehgebern solche Störungen durchaus vorkommen. Entsprechend ist
die Sensorik vor solchen Einflüssen zu schützen.

3.2.2   Magnetfeldsensoren

Zur Abtastung eines magnetischen Feldes stehen unterschiedliche Sensoren zur
Verfügung. Bei Drehgebern werden insbesondere Hall-Sensoren und magneto-
resistive Elemente eingesetzt. Andere Magnetsensorprinzipien, wie Feldplatten
oder Fluxgate-Magnetometer, spielen eine untergeordnete Rolle.

Hall-Elemente (Abb. 3.12) nutzen den sogenannten Hall-Effekt. Beim Durch-tritt eines Magnetfeldes durch einen stromdurchflossenen Leiter ergibt sich ortho-gonal zum Leiter eine elektrische Spannung, die sogenannte Hall-Spannung. Bei einem konstanten eingeprägten Strom ist die Spannungsänderung proportional zur Feldstärke. Der Hall-Sensor kann also zur Messung von Feldstärken verwendet werden. Bei entsprechender Magnetisierung des Magneten lässt sich durch Drehen des Magneten eine sinusförmige Hall-Spannung generieren. In Hall-Sensor-Bauelementen die für den Einsatz in Drehgebern geeignet sind, gibt es zwei Arten der Anordnung von Hall-Elementen auf einem Halbleitersubstrat. Hall-Sensoren für eine zentrische Abtastung („on-axis") integrieren typischerweise vier Hall-Elemente. Diese sind mit 90° geometrischem Versatz um das Zentrum des Hall-Element-Bereichs angeordnet, so dass sie verschiedene Z-Komponenten des Magnetfeldes ausgesetzt sind. Werden je zwei diagonal platzierte Hall-Elemente differentiell ausgewertet, so ergeben sich bei der Drehung des Magneten ein Sinus- und ein Cosinussignal. Durch die Anordnung der Elemente auf einem Chip, stimmt die Geometrie zwischen den einzelnen Sensorelementen sehr gut überein. In der Anwendung ist dafür Sorge zu tragen, dass die Zentren des Magnetfeldes und des Hall-Sensors mit der Drehachse übereinstimmen. Dann ergibt sich die bestmögliche Linearität. Abgetastet werden üblicherweise zylindrische Magnete mit diametraler Magnetisierung. Die Toleranz der Polteilung hat erheblichen Einfluss auf die Genauigkeit des Drehgebers. Der Abstand zwischen Magnet und

Abb. 3.12 Anordnung eines magnetischen Drehgebersensors mit diametral magnetisiertem Zylindermagnet und Hall-Sensor

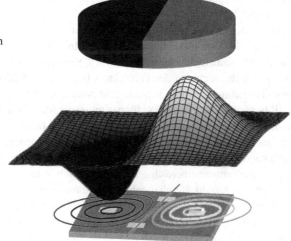

Sensor beträgt einige zehntel bis zu mehreren Millimetern. Der mögliche Abstand, ebenso wie die Abstandstoleranz, hängt von der Größe und Feldstärke des verwendeten Magneten ab und orientiert sich an dem Empfindlichkeitsbereich des Sensorelements. Typische Feldstärken liegen im zweistelligen Millitesla-Bereich. Diese Art Hall-Sensoren hat Auflösungen von bis zu 14 Bit (digitale Ausgangssignale) bzw. kann bis in diesen Bereich interpoliert werden. Dabei sind Komponenten mit 8 oder 10 Bit Auflösung im unteren Performanzbereich eingesetzt, 12 Bit sehr häufig in Drehgebern und 14 Bit der Trend der Zukunft. Hall-Sensoren für eine exzentrische Abtastung („off-axis"; auch für lineare Maßstäbe einsetzbar) ordnen Hall-Elemente in einer Reihe an. Der Abstand der Hall-Elemente definiert dabei die Größe der einsetzbaren Polweite. Auch hier können sinusförmige Quadratursignale gewonnen werden. Mit solchen Sensoren ist es möglich große, mehrpolige Ringmagnete abzutasten. Mit Ringmagneten mit einer Magnetspur lassen sich Inkrementaldrehgeber umsetzen. Wird zusätzlich eine Nonius- oder eine Pseudo-Random-Spur aufmagnetisiert, lassen sich absolute Systeme realisieren.

Hall-Elemente können in CMOS-Halbleiter-Bauelementen integriert werden, was es ermöglicht, neben der eigentlichen Hall-Sensorik funktionale Blöcke zusätzlich auf einem Chip zu integrieren. Gängig sind Signalverarbeitungsblöcke oder serielle Schnittstellen aus dem Bereich der inter-IC Kommunikation (z. B. SPI, I^2C).

Seit einiger Zeit werden Hall-Sensoren mit doppeltem Aufbau angeboten. Diese verbauen zwei Sensorsubstrate in einem Chip-Gehäuse, wobei diese entweder nebeneinander oder übereinander angeordnet sind. Dies ist in Anwendungen hilfreich, in denen die Ausfallwahrscheinlichkeit eines Systems reduziert werden muss oder Anforderungen für funktionale Sicherheit zu erfüllen sind (vgl. Abschn. 5.1.1).

Sensoren, die ihren spezifischen Widerstand bei Einwirkung eines magnetischen Feldes auf einen stromdurchflossenen Leiter ändern, bezeichnet man als magnetoresistive Elemente (MR). Dabei sind die MR-Sensoren abhängig von der Betriebsart sensitiv auf die Richtung des Feldvektors bzw. dessen Feldstärke relativ zu einer Stromflussrichtung. Es gibt verschiedene Arten von MR-Elementen (allgemein als XMR bezeichnet, wobei das ‚X' für das Initial der MR-Art steht) denen gemeinsam ist, dass sie ferromagnetische Materialien enthalten. In diesen ändert sich durch ein externes Magnetfeld die interne Magnetisierungsrichtung und somit der intrinsische Widerstand. Die ferromagnetischen Materialien werden in dünnen Schichten mit Dicken im Nanometerbereich auf geeignete Substrate aufgebracht. Dabei unterscheiden sich Anzahl, Beschaffenheit und Anordnung der Schichten für die einzelnen Sensortypen und somit auch deren spezifischer Widerstand und die relative Widerstandsänderung in Abhängigkeit des Magnetfeldes. Die Widerstandsänderung $\Delta R/R$ (R, der Widerstandswert ohne äußeres Magnetfeld) wird in Prozent angegeben und bezeichnet die Empfindlichkeit des Sensors und ist somit eine wichtige Kenngröße. Die unterschiedlichen magneto-resistiven Effekte erreichen verschiedene Wertebereiche. Zur Messung der relativen Widerstandsänderung werden MR-Elemente in einer Widerstandsmessbrücke angeordnet. Diese Anordnung ist auch deshalb zu wählen, da die relative Widerstandsänderung sehr klein sein kann. Auch hat sie den Vorteil, dass dadurch Temperatureffekte reduziert werden. In der Anwendung in Drehgebern erhält man aus der Brücke eine sinusförmige Differenzspannung, wenn sich darunter ein Magnet dreht. Eine Doppelbrücke mit zueinander verdrehten MR-Messbrücken ergibt ein Sinus-Cosinus-Paar mit differentiellen Signalen. Von den XMR-Elementen werden in Drehgebern heute primär AMR- und GMR-Sensoren eingesetzt.

AMR-Sensoren (engl.: „anisotrope magneto resistive") ändern ihren spezifischen Widerstand in Abhängigkeit der magnetischen Feldrichtung relativ zum Stromfluss. Daher auch die Bezeichnung als anisotrop. Unter Anisotropie versteht man im Allgemeinen die Richtungsabhängigkeit einer physikalischen Eigenschaft. Ein magnetisches Feld parallel zum Stromfluss führt zu einem maximalen Widerstand, ein orthogonales führt zu einem minimalen. Daraus leitet sich ab, dass bei AMR-Elementen die Widerstandsänderung proportional zum $\cos^2$ des Drehwinkels ist. Dreht man also einen zweipoligen Magneten über dem Sensor mit einer aus AMR-Elementen aufgebauten Wheatstone-Widerstandsmessbrücke erhält man zwei Signalperioden pro Umdrehung. Dies beschreibt die Eigenschaften des Sensors in einem zu den Materialeigenschaften starken Magnetfeld, d. h. im Starkfeldbetrieb. Im Schwachfeldbetrieb reagiert der Widerstand des Sensors auf die Feldstärke des externen Magnetfelds. Dazu platziert man in der unmittelbaren Nähe des Sensors einen Stützmagneten. Dadurch wird der Sensor in einem definierten Arbeitspunkt betrieben und es werden unerwünschte Nebeneffekte vermieden („flipping", [14]). Wird der AMR-Sensor in dieser Betriebsart in einem Drehgeber angeordnet, so erhält man eine elektrische Signalperiode pro magnetisches Polpaar. Die Widerstandsänderung beträgt bei AMR-Sensoren max. 5 %. Diese Werte erreicht man wenn spezielle Materialien, z. B. Permalloy (Nickel-Eisen-Legierung), verwendet werden und dieses in komplexen Mäanderstrukturen auf dem Substrat aufgebracht wird. Der spezifische Widerstand wird durch die Bahnverlängerung erhöht.

Basis beim Riesenmagnetwiderstandseffekt (engl.: „giant magneto-resistive"; GMR) ist ein mehrlagiger Aufbau aus extrem dünnen magnetischen und nicht-magnetischen Materialien. Im einfachsten Fall ist zwischen zwei magnetischen Schichten, eine nicht-magnetische aber elektrisch leitende angeordnet. Der Effekt basiert auf quantenmechanischen Phänomenen. Ist die Magnetisierung der beiden ferromagnetischen Schichten parallel gerichtet, ergibt sich ein minimaler

Widerstand, sind sie antiparallel ausgerichtet ein maximaler. Die Magnetisie-
rungsrichtungen lassen sich durch die Feldrichtung eines äußeren Magnetfelds beeinflussen. Das Signal eines GMR-Sensors ist entlang eines Polpaares proportional
zu cos, d. h. es ergibt sich eine sinusförmige Periode über eine mechanische
Umdrehung eines magnetischen Dipols eine Sinus-Cosinus-Periode. Da die Empfindlichkeit, vor allem aber auch die Widerstandsänderung sehr groß ist, wird diese
MR-Art als „giant" (riesig) bezeichnet. Diese kann eine größere zweistellige Pro-
zentzahl betragen, sogar bis 100 %.

XMR-Sensoren sind sehr empfindlich, können also auch bei Anordnungen mit
schwachen magnetischen Feldern eingesetzt werden. Dies erlaubt große Abstände
zwischen Magnet und Sensorelement. Dabei sind GMR-Sensoren wesentlich emp-
findlicher als AMR-Sensoren. Dies macht die Auswerteschaltung für GMR-Sensoren prinzipiell einfacher. Aufgrund der hohen Empfindlichkeit ist allerdings auf
externe Störfelder zu achten. Abhängig von der Anwendung kann es nötig sein,
dass das Sensormodul (MR-Sensor und Magnet) mit einer magnetischen Schirmung
versehen wird. XMR-Sensoren weisen eine Hysterese auf (GMR mehr als AMR),
die allerdings durch geeignete Maßnahmen im Sensorelement-Design reduziert
werden kann. XMR-Elemente können aufgrund ihres Aufbaus in einem sehr großen Temperaturbereich betrieben werden. Allerdings sind sie nur bedingt kompatibel mit Halbleiterprozessen. Somit können nur eingeschränkt weitere Funktionen
(Verstärker, analoge oder digitale Signalverarbeitung) direkt mit dem Sensorelement
integriert werden. Gegebenenfalls können diese Zusatzschaltungen über einen
hybriden Ansatz in ein Gehäuse mit eingebracht werden. Damit wird allerdings der
Betriebstemperaturbereich wieder eingeschränkt. Im Vergleich zu Hall-Sensoren
haben XMR-Sensoren einen kleineren Temperaturkoeffizienten.

Magnetfeldsensoren werden mit unterschiedlichen elektrischen Schnittstellen
angeboten. Neben den typischen Schnittstellen auf Leiterplatten (z. B. I²C, SPI)
finden sich auch solche mit PWM (pulsweiten moduliertes Signal, welches digital
ausgelesen wird oder mittels eines Tiefpassfilters in ein analoges Signal umgesetzt
wird) oder rein analoger Schnittstelle. Letztere haben Vorteile wenn Anwendungen
mit hohen Echtzeitanforderungen adressiert werden.

3.2.3   Messanordnungen und Magnete

Bei der Gestaltung eines magnetischen Drehgebers kann nicht nur auf mehrere
Sensortypen zurückgegriffen werden. Auch in der Auswahl der Magnete und der
Anordnung von Magnet und Magnetsensor stehen unterschiedliche Möglichkeiten
zur Auswahl.

In Drehgebern finden sich im Wesentlichen drei Anordnungen für Magnet und Magnetfeldsensor zueinander (Abb. 3.13). Bei der axial-zentrischen Anordnung wird ein Magnet, meist ein diametral magnetisierter, zylindrischer Dipol am Ende der Drehgeberwelle aufgebracht und der Magnetfeldsensor in dessen Verlängerung entlang der Drehachse. Somit ergibt sich eine kompakte Bauweise. Auf 360° absolute Systeme lassen sich einfach realisieren, allerdings mit relativ geringer Auflösung, die primär durch den Magnetfeldsensor definiert wird. Höhere Auflösungen lassen sich erreichen indem höherpolige Magnete eingesetzt werden. Diese werden dann nicht mehr zentrisch abgetastet sondern exzentrisch. Dabei kann der Magnetfeldsensor axial oder am Magnetumfang angeordnet sein. Typischerweise werden bei dieser Anordnung Ringmagnete eingesetzt, insbesondere, wenn eine Hohlwellenanordnung für den Drehgeber realisiert werden soll.

Bei höherpoligen Magneten benötigt man für die Realisierung eines Absolutsystems neben der hochauflösenden Spur (hier die hochpolige Magnetspur) mindestens eine weitere Spur. Dabei kommen Nonius- oder Pseudo-Random-Kodierungen zum Einsatz.

Wird die Auflösung eines magnetischen Drehgebers primär durch die Auflösung des Magnetfeldsensors bzw. das Auflösevermögen der Magnetfeldsensorsignale und die Anzahl der Polpaare des Magneten definiert, hängt die Genauigkeit des Systems von vielen Faktoren ab. Besondere Bedeutung kommt der Geometrie der Magnetisierung des Magneten zu. Diese muss so gestaltet sein, dass sich die Feldlinien symmetrisch ausbilden. Bei diametral magnetisierten Rundmagneten sollte die Polteilung möglichst parallel zur Drehachse und zentrisch zu dieser

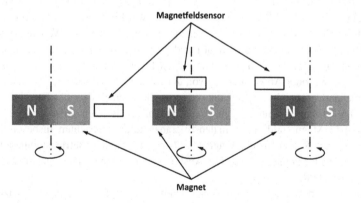

Abb. 3.13 Messanordnungen magnetischer Drehgeber: links – tangential-exzentrisch, mitte – axial-zentrisch, rechts – axial-exzentrisch)

verlaufen. Bei mehrpoligen Ringmagneten kommt hinzu, dass die Polteilung möglichst gleichmäßig verteilt sein sollte (gleichmäßige Polweite).

Die räumliche Orientierung der magnetischen Feldlinien hängt aber nicht nur
von der Magnetisierung des Magneten ab, sondern auch von konstruktiven Details
des Drehgebers. In der Entwicklung ist nicht nur das reine Sensormodul magnetisch zu betrachten sondern unbedingt auch die nähere Umgebung. Diese nimmt
großen Einfluss auf die Ausbreitung und somit die Wirkung des Magnetfeldes hin
zum Sensorelement. Es ist genau zu betrachten für welche Konstruktionselemente
ferromagnetisches und nicht-ferromagnetisches Material eingesetzt wird. Dies
gilt insbesondere für die Drehgeberwelle, aber auch Konstruktionselemente des
Flansches und des Gehäuses. Gelegentlich ist es sinnvoll konstruktive Elemente
gezielt als Flusskonzentrator einzusetzen. Auch eine magnetische Schirmung gegen externe Fremdfelder kann notwendig sein, die dann wiederum auch Einfluss
auf die magnetischen Verhältnisse des Sensormoduls nimmt. Idealerweise wird
die Entwicklung eines magnetischen Sensors durch Finite-Elemente-Simulationen
unterstützt. In der Auslegung kann sich zeigen, dass es sinnvoll ist, die Magneti-
sierungsform des Magneten aufgrund äußerer Einflüsse zu ändern. So kann, z. B.
aus einem einfachen mehrpoligen Ringmagneten ein axial sektorenförmig magnetisierter Ringmagnet werden. Bei der Konstruktion sind auch Toleranzen zu betrachten. Die Zuordnung von Magnet und Sensor muss meist recht präzise, d. h.
im 0,1 mm Bereich, ausgelegt sein. Dies gilt insbesondere wenn Magnetfeldsensoren
mit phasenverschobenen Elementen zur Generierung eines Sinus-Cosinus-Sig-
nalpaars verwendet werden. Bei solchen Sensoren spielt auch die Zuordnung zu
der Polteilung eine wichtige Rolle. Bei mehrpoligen Ringmagneten ändert sich
die Polteilung in radialer Richtung, da die Bogenlänge durch die konvexe Ausprägung mit größerem Radius länger wird (Pole werden nach außen hin breiter).
Gleiches gilt für den Abstand des Sensors bei Abtastung am Wellenumfang.
Stimmt die effektive Polteilung nicht mit der geometrischen Vorgabe des Sensorelements überein, ergeben sich Phasenverschiebungen zwischen Sinus- und
Cosinus-Signal oder Abweichungen von der idealen Sinusform der Signale, mit
entsprechender Auswirkung auf die differentielle Nicht-Linearität. Für eine zuverlässige Funktion ist auch das magnetische Fenster (Bereich der zulässigen Remanenz) des Magnetfeldsensors in den Toleranzstudien zu beachten. Insbesondere
ändert sich die Remanenz des Magneten über den gesamten Betriebstemperaturbereich je nach Magnetart stark. Die Abstandstoleranz spielt demgegenüber eine
untergeordnete Rolle.

Die Maßverkörperung magnetischer Drehgeber wird über den eingesetzten
Magneten dargestellt. Es kommen Permanentmagnete zum Einsatz. Somit ist der
Magnet im sensorischen System nicht nur der Modulator sondern im gewissen Sinne

auch der Sender. Zwei Arten hartmagnetischer Materialien kommen zum Einsatz: Hartferrite und Seltenerdmagnete. Hartferrite sind zwar vergleichsweise günstig haben aber eine deutlich geringere magnetische Energiedichte. Man findet sie noch im Einsatz bei linearen magnetischen Messsystemen, seltener aber bei modernen magnetischen Drehgebern. Seltenerdmagnete haben eine sehr hohe Energiedichte. Mit ihnen lassen sich die derzeit stärksten Dauermagnete herstellen. Dies ermöglicht es mit relativ kleinen Magneten die Messaufgabe zu erfüllen. Allerdings sind Seltenerden verhältnismäßig teuer. Verwendung finden Legierungen aus Neodym-Eisen-Bor (NdFeB) und Samarium-Kobalt (SmCo). NdFeB-Magnete ermöglichen eine etwas höhere Remanenz als SmCo-Magnete. Mit beiden Materialien lassen sich aber Werte bis maximal in den Bereich von 1 T realisieren. Vorteile haben SmCo-Magnete beim Temperaturkoeffizienten. Liegt dieser bei SmCo-Legierungen unterhalb von −0,05 %/K, so ist er bei NdFeB-Magneten in der Größenordnung von −0.1 %/K. Zu beachten ist, dass der Temperaturkoeffizient negativ ist. Somit nimmt die Remanenz mit steigender Temperatur ab. Im Umkehrschluss sollte aber nicht vergessen werden, dass sie mit sinkender Temperatur auch zunimmt.

Beispiel

Ein Seltenerd-Magnet auf NdFeB-Basis weise einen Temperaturkoeffizienten von −0,1 %/K auf. Bei einem Einsatztemperaturbereich von −40 °C bis +125 °C (Motor-Feedback-System, vgl. Abschn. 5.3) erfährt dieser, bezogen auf eine nominale Temperatur von 20 °C, eine Remanenzänderung von +6 % bis − 10,5 %. Die Toleranz der Grundremanenz betrage ± 5 %. Wird dieser Magnet mit einem GMR-Sensor mit einem Temperaturkoeffizienten von −0,1 %/K abgetastet, zeigt das elektrische Signal im Extremfall eine Änderung von +18 % bei −40 °C und von −24 % bei +125 °C an − alleine aufgrund der genannten Toleranzen und Temperaturkoeffizienten.

Wird ein Hartferrit mit einem Temperaturkoeffizienten von −0,19 %/K und einer Toleranz in der Grundremanenz von ± 2,7 % mit einem AMR-Sensor mit einem Temperaturkoeffizienten von −0,4 %/K abgetastet, kann sich sogar eine Signaländerung von +42 % bis −54 % ergeben.

Die Curie-Temperatur, d. h. die Temperatur bis zu der Magnete ihre ferromagnetischen Eigenschaften verloren haben ist bei SmCo-Materialien zwar deutlich höher als bei NdFeB aber bei allen eingesetzten Seltenerdwerkstoffen so hoch, dass sie im Zusammenhang mit Drehgeberanwendungen keine Rolle spielt.

Magnetmaterialien sind in gesinterter oder kunststoffgebundener Form erhältlich. Haben gesinterte Magnete eine höhere Energiedichte, so bieten kunststoffgebundene Vorteile in der Formgebung, bis hin zur Integration in

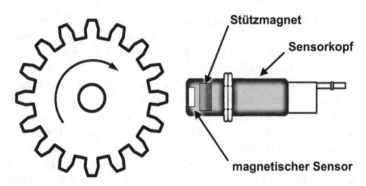

Abb. 3.14 magnetischer Zahnradsensor

konstruktive Elemente. Da Magnetmaterialien nicht korrosionsbeständig sind ist es meist erforderlich die Magnete mit einer entsprechenden Beschichtung zu versehen.

Eine separat zu nennende magnetische Messanordnung für einen Drehgeber stellt der magnetische Zahnraddrehgeber dar (Abb. 3.14). In dieser Anordnung wird die Maßverkörperung nicht mit einem Magneten realisiert sondern über ein Zahnrad aus weichmagnetischem Material. Ein Magnet (Stützmagnet) der ortsfest angebracht ist spannt ein magnetisches Feld auf. Dieses wird durch Effekte der effektiven Reluktanz und des Feldlinienverlaufs bei Drehung des Zahnrads moduliert. Diese Modulation kann durch einen Magnetfeldsensor erfasst und in eine Winkelinformation umgewandelt werden. Abhängig von der Zahnform leitet man rechteckförmige oder sinusförmige Signale ab. Die Anordnung von Sender, Modulator und Empfänger kann dabei zu einem transmissiven (Stützmagnet und Sensor umschließen in axialer Richtung das Zahnrad) oder quasi-reflexiven (Magnet und Sensor sind am Umfang des Zahnrades angebracht) Aufbau führen. Meist werden Zahnraddrehgeber als Kit ausgeführt, insbesondere für Anwendungen in denen große Zahnraddurchmesser sinnvoll oder notwendig sind. Prinzipiell kann ein Zahnraddrehgeber auch mit induktiver Sensorik realisiert werden (Abschn. 3.3.3).

3.2.4   Spezielle magnetische Sensoren für Drehgeber

Neben den klassischen Magnetfeldsensoren, Hall-Element und XMR-Element gibt es weitere in Drehgebern eingesetzte Typen, die hauptsächlich für die Realisierung eines Multiturn-Moduls eingesetzt werden (Abschn. 4.2.3.4).

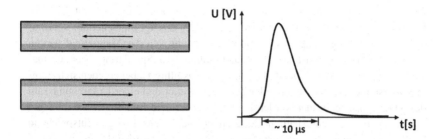

Abb. 3.15 Wiegand-Draht: links oben – Wiegand-Draht mit gegensinniger Magnetisierung von Mantel und Kern, links unten – Wiegand-Draht mit gleichsinniger Magnetisierung von Mantel und Kern, rechts – elektrischer Impuls eines Wiegand-Drahts

Ein Wiegand-Draht[1] [1, 3, 11] besteht aus einem Vicalloy-Werkstoff (eine Kobalt-Eisen-Vanadium Legierung), der durch mehrfaches Verdrehen unter Zug und abschließendes tempern hergestellt wird. Dadurch ergibt sich ein Gebilde mit einem weichmagnetischen Kern und einem hartmagnetischen Mantel (Abb. 3.15, links). Die magnetischen Domänen (Bereiche mit magnetischen Eigenschaften) im Kern und in der Schale ändern ihre Polarität unterschiedlich unter dem Einfluss eines externen magnetischen Feldes. Dabei hat der Draht zwei stabile Zustände. Die magnetischen Domänen des Kerns haben entweder eine gleichläufige magnetische Polung wie die der Schale oder eine gegenläufige. Ändert sich die magnetische Polarität eines Teils durch eine ausreichend große Änderung der Stärke eines externen Magnetfeldes, so entsteht ein sogenannter Barckhausen-Impuls. Durch die speziellen Eigenschaften des Wiegand-Drahtes verstärkt sich der Effekt. Durch den Ummagnetisierungsimpuls wird in einer Spule, die den Draht umschließt eine Spannung im Voltbereich induziert (Abb. 3.15, rechts). Ausgelöst wird er in einem Drehgeber durch einen drehenden Dipolmagnet oder mehrere in Sequenz in abwechselnder Polorientierung auf einem drehenden Träger angebrachte Magnete. Der Impuls ist dabei weitestgehend unabhängig von der Änderungsgeschwindigkeit des äußeren magnetischen Feldes. Auch ereignet er sich schlagartig bei reproduzierbaren Feldstärken. Die so frei werdende Energie reicht aus, zuverlässig und kurzzeitig eine elektronische Schaltung zu betreiben.

Ein anderer Magnetfeldsensor, der der Klasse der GMR-Sensoren zugeordnet wird, ändert sein Widerstandsniveau wenn er einem sich ändernden Magnetfeld ausgesetzt wird [1]. In den Schichten werden ein sogenannter

---

[1] Wiegand-Effekt wurde durch John R. Wiegand in den frühen 1970er-Jahren erforscht und entdeckt.

Domänenwandgenerator und eine Anzahl von Spiralarmen eingebracht. Ein drehendes Magnetfeld (z. B. Dipolmagnet auf Welle) erzeugt im Generator kontinuierlich gegensinnige magnetische Domänen. Dreht sich das Magnetfeld weiter, ändert sich die Position dieser Domänen entlang der Spiralarme, was zu einer stabilen Änderung des Widerstandes des Systems führt. Dabei ergeben sich stabile Widerstandsniveaus, die zu jeder Zeit ausgewertet und einer Umdrehungszahl des Magneten zugeordnet werden können. Das Prinzip funktioniert unabhängig von der Drehrichtung und jeglicher zusätzlicher elektrischer Energie. Entsprechend kann dieser Ansatz für Multiturn-Module angewendet werden. Denn hier gilt es Positionsänderungen, insbesondere über die Singleturn-Grenzen hinweg, im stromlosen Zustand zu erfassen, um sie dann beim Einschalten des Drehgebers auswerten zu können.

3.3 Induktive Funktionsprinzipien

3.3.1 Allgemeines

Bei induktiven Winkelsensoren induziert ein Wechselstrom über eine Spule ein elektromagnetisches Wechselfeld. Dieses Feld wird durch Kopplungseffekte zwischen Stator und Rotor des Drehgebers moduliert. Das modulierte elektromagnetische Feld wird wieder über eine oder mehrere Spulen empfangen. In einigen Fällen kann die Sende- auch die Empfangsspule sein. Es gibt verschiedene Anordnungen welche zu verschiedenen Kopplungsarten führen (Abb. 3.16). Induktive Sensoren beschreibt man am besten in der entsprechenden Sender-Modulator-Empfänger-Kombination (Tab. 3.6). Eine Ausprägung, der Resolver, wird dabei im folgenden Kapitel noch ausführlicher behandelt.

Beim Prinzip des variablen Transformators wird die induktive Kopplung zwischen den Spulen über die Winkelstellung einer gerichteten Spule auf dem Rotor variiert:

$$u_2 = u_1 \frac{N_1}{N_2} k(\varphi) \qquad (3.5)$$

Tab. 3.6 Sender-Modulator-Empfänger Einordnung für induktive Drehgebersensorik

Merkmal	Ausprägung
Sender	Spule
Modulator	elektromagnetische Kopplung
Empfänger	Spule

variablen Transformators   **variablen Reluktanz**

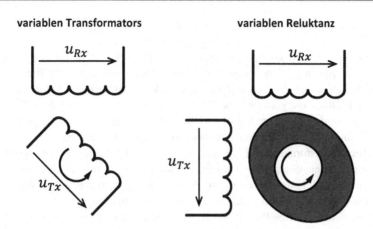

Abb. 3.16 Arten induktiver Kopplung: links – variabler Transformator, rechts – variable Reluktanz

(u_1, u_2: Eingangs- bzw. Ausgangspannung in $[V]$; N_1, N_2: Windungszahl der Primär- bzw. Sekundärspule, [ ]; $k(\varphi)$: winkelabhängige induktive Kopplung, [ ])

Eine energiegespeiste Spule ist so auf dem Rotor aufgewickelt, dass die Wechselspannung ein elektromagnetisches Feld induziert, das sich in der Intensität räumlich am Außenumfang verteilt (Innenläuferkonfiguration). Dadurch entsteht eine Polteilung, die den Modulator darstellt. Am Stator ist ebenfalls eine räumlich lokale Spule angebracht. Dreht sich der angeregte Rotor so ändert sich die induktive Kopplung abhängig vom Drehwinkel. Werden zwei räumlich versetzte Spulen am Stator aufgebracht, so lassen sich phasenverschobene Signale ableiten. Sind sie um 90° verschoben, ergeben sich Sinus- und Cosinus-modulierte Signale. Ist das Gebilde ringförmig ausgebildet und sind Rotor und Stator konzentrisch angeordnet ergibt sich ein Drehgeber. Bekanntestes Beispiel für dieses Prinzip ist der Resolver (mit oder ohne Bürsten, vgl. Abschn. 3.3.3).

Der Ansatz der variablen Reluktanz, $\mathcal{R}$, basiert, wie der Name schon sagt, auf der Beeinflussung des magnetischen Widerstandes (Reluktanz) in einem magnetischen Kreis. Neben den Spulen des Stators wird ein geometrisch geformter Rotor (Rotorkern) mit hoher Permeabilität benötigt, der aber keine Wirbelströme ausbildet. Dabei ist der Rotorkern so geformt, dass sich der effektive Luftspalt zwischen den Spulen und dem Rotor, und somit der effektive magnetische Widerstand, in Abhängigkeit von der Winkelstellung ändert. Für die Reluktanz gilt folgende Beziehung:

$$\mathcal{R} = \frac{l}{\mu \cdot A} \tag{3.6}$$

($\mathcal{R}$: Reluktanz in $[A/V \cdot s]$; l: Größe des Luftspalts in $[m]$; μ: effektive Permeabilität in $[V \cdot s/A \cdot m]$; A: Fläche des Luftspalts in $[m^2]$);

Sender- und Empfangsspulen befinden sich räumlich verteilt auf dem Stator. Der Rotor ist ein rein mechanisches Gebilde. Die Senderspule, der Rotor, die Empfangsspule und der Körper des Stators bilden einen magnetischen Kreis mit Luftspalt. Durch die geometrische Form des Rotors variiert dabei der effektive Luftspalt, so dass sich eine Signalmodulation bei Drehung ergibt. Die geometrische Form des Rotors gibt dabei die Form des modulierten Signals vor. Bei entsprechender Ausformung und Verwendung von zwei Empfängerspulen lässt sich ein Sinus-Cosinus-Signalpaar generieren. Auch hier erhält man einen Drehgeber wenn Rotor und Stator ringförmig ausgebildet und konzentrisch angeordnet werden. Dieses Prinzip kommt beim Relunktanzresolver zum Einsatz.

Nach einem weiteren Prinzip werden sogenannte „Targets" (dt.: „Zielobjekt") in das elektromagnetische Wechselfeld einer Spule eingebracht. Unterschiedliche Ausprägungen der Targets führen durch unterschiedliche elektromagnetische Dämpfungsmechanismen zu winkelabhängigen Signalen die ausgewertet werden können. Bei Drehgebern sind die Spulen in den meisten Ausführungen als Planarspulen auf einer Leiterplatte realisiert. Diese nutzen einen Multilagenaufbau zur Schichtung der Spulenlagen bzw. für die Umverdrahtung bei der Anordnung mehrerer Spulen auf einer Leiterebene. Auch einige der folgend genannten Targets lassen sich mithilfe von Leiterplatten einfach umsetzen. Entsprechend werden die Prinzipien für die Konfiguration beschrieben, in der eine ebene Scheibe am Stator aufgebracht ist und eine weitere an der Drehgeberwelle. Auf der Statorscheibe befindet sich eine konzentrisch angeordnete Spule, die als Erregerspule wirkt und, abhängig von der Umsetzung, auch Empfangsspulen. Dabei ist die Erregerspule so angeordnet, dass sie auf das Target unabhängig von der Winkelstellung immer gleich einkoppelt. Das Target selbst ist auf dem Rotor aufgebracht.

Das Target kann als gerichtete Leiterschleife ausgestaltet sein (Abb. 3.17, oben links), die eine Induktivität darstellt. Das Erregerfeld induziert in der Leiterstruktur einen Wechselstrom, der wiederum ein elektromagnetisches Feld induziert, das auf die Empfangsspulen koppelt. Die Überdeckung der Leiterschleife mit der Empfangsspule definiert dabei einen Kopplungsfaktor, somit das winkelabhängige Signal. Dieses Prinzip ist vergleichbar mit dem des variablen Transformators.

Wird die Spule auf dem Rotor mit einem Serienkondensator zu einem Resonanzkreis erweitert ergeben sich leicht unterschiedliche Verhältnisse (Abb. 3.17, oben mittig). Auch hier wird durch die Erregerspule eine Wechselspannung in der Rotorspule induziert. Durch die Konfiguration als Resonanzkreis

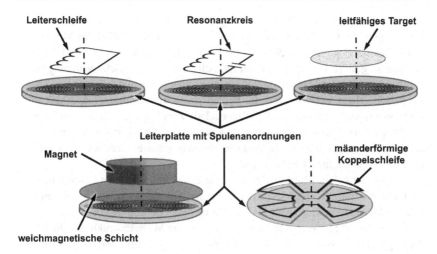

Abb. 3.17 Targets für induktive Drehgebersensorik: von links oben im Uhrzeigersinn – Leiterschleife, LC-Ressonanzkreis, leitfähiges, geometrisch geformtes Element, Koppelschleife, Magnet

hat das vom Rotor induzierte Feld eine Phasenverschiebung gegenüber der Erregerspannung und ist in der Amplitude abhängig von der Resonanzüberhöhung. Dadurch ist die in der Empfangsspule induzierte Wechselspannung größer als im vorigen Verfahren.

Ein anderes Target ist eine geometrisch geformte Fläche aus leitfähigem Material (Abb. 3.17, oben rechts). Das elektromagnetische Feld induziert in dem Leiter Wirbelströme. Diese Wirbelströme generieren wieder ein Wechselfeld. Dieses kann auf zwei Arten genutzt werden. Zum einen kann das wirbelstrom-induzierte Wechselfeld in Empfangsspulen auf dem Stator eine Wechselspannung induzieren. Abhängig von der Überdeckung der Metallfläche über den Empfangsspulen ändert sich der Kopplungsfaktor. Zum anderen kann ausgenutzt werden, dass die Gegenkopplung auf die Erregerspule rückwirkt, was zu einer Dämpfung des Erregersignals führt. Ist die Spule in einem Parallelschwingkreis verschaltet, ändert sich hierbei die Amplitude im Schwingkreis. Diese kann durch Messung der Amplitude ermittelt werden. Alternativ kann der Regelfaktor eines Regelkreises erfasst werden, der die Amplitude konstant hält. Auch in diesem Fall ergibt sich aus der Überdeckung der Metallfläche mit der Erregerspule das winkelabhängige Signal.

Auch ein Magnet kann als Target eingesetzt werden (Abb. 3.17, unten links). Dazu ist es aber notwendig, dass auf den Spulen des Stators ein als Folie ausgeprägtes, weichmagnetisches Material aufgebracht wird. Dadurch koppelt die Erregerspule direkt auf die Empfangsspule. Kommt das Gleichfeld des Magneten in die Nähe der Folie, so wird die Homogenität der elektromagnetischen Verhältnisse des Stators gestört. Der Magnet treibt die Folie in die magnetische Sättigung wodurch die Sender-Empfängerkopplung gezielt manipuliert wird. Dies kann messtechnisch erfasst werden. Sind die Spulen geometrisch geformt, lässt sich die Position des Magnetfeldes auf dem Rotor relativ zum Stator ermitteln. Auch kann das Prinzip auf nur eine Spule angewandt werden. Dann verändert sich die Spuleninduktivität in Abhängigkeit der Position, die wie oben beschrieben über einen Resonanzkreis ermittelt werden kann.

Das zuletzt behandelte Verfahren weicht etwas von den eben beschriebenen ab. Es kommt mit nur einer Spule am Stator aus. Diese hat eine ringförmig angeordnete Mäanderstruktur (Abb. 3.17, unten rechts). Auf dem Rotor befindet sich quasi die gleiche Struktur. Abhängig davon, wie die Mäanderstrukturen zueinander liegen, ändert sich die Kopplung. Überdecken sich Stator- und Rotorstruktur, so kommt es zu einer maximalen Induktion in der Rotorstruktur und somit zu einer maximalen Gegenkopplung. Liegen die radialen Teile der Statorstruktur über den radialen Lücken der Rotorstruktur kommt es zu einer minimalen Induktion und somit zu einer minimalen Gegenkopplung. Somit ändert sich die Auswirkung winkelabhängig.

Durch die Ausgestaltung des induktiven Systems lässt sich aus den Empfangssignalen eine Sinus-Cosinus-Signalpaarung ableiten. Diese können interpoliert und somit in einen Winkel umgerechnet werden.

Eine weitere Möglichkeit zur induktiven Erfassung einer Winkellage ist der althergebrachte rotative Differentialtransformator (engl.: „rotary variable differential transformer", RVDT) (Abb. 3.18). Es handelt sich also auch um einen variablen Transformator, bei dem allerdings zu dem zuvor beschriebenen Ansatz die Kopplung nicht durch geometrische Anordnungen der Spulen sondern durch die Kopplung mit einem Kern bewirkt wird. Den weichmagnetischen Kern, der auf der Drehachse angebracht ist, umschließen drei in einer Reihe angeordnete Spulen. Die mittlere Spule ist die Primärspule, die beiden äußeren Spulen sind die Sekundärspulen. Die Primärspule umschließt den Kern immer vollständig und die Sekundärspulen in Abhängigkeit von der Winkelstellung. Über eine Wechselspannung wird durch die Primärspule ein magnetisches Wechselfeld induziert, das über den Kern auf die Sekundärspulen koppelt. Durch die mechanische Anordnung und die differentielle Auswertung ergibt sich ein winkelabhängiges, symmetrisches Signal, das in einem gewissen Arbeitsbereich linear verläuft. Typischerweise liegt der Messbereich des RDVT bei einigen mechanischen Grad (d. h. kein Vollwinkel).

Abb. 3.18 RVDT („rotary variable differential transformer")

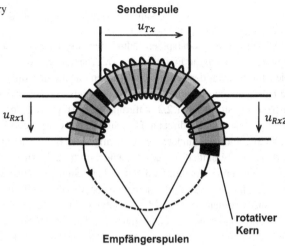

Senderspule

u_{Tx}

u_{Rx1} u_{Rx2}

Empfängerspulen   **rotativer Kern**

3.3.2 Signalverarbeitung

Basis für induktive Sensoren ist eine Wechselspannung. Die Anregespannung und -frequenz sind dabei von vielen Faktoren abhängig. Dabei sind die Induktivitäten bzw. die Impedanzen (Wechselstromwiderstand) ebenso zu berücksichtigen wie Sättigungseffekte. Je nach Konfiguration und Dimensionierung beträgt die Anregefrequenz einige Hertz bis in den Megahertz-Bereich hinein. Größere Frequenzen sind bei Drehgebern untypisch, häufig verwendet man aber Frequenzen im ein- bis zweistelligen Kilohertz-Bereich. Die Anregespannung beträgt einige Volt. Gegebenenfalls müssen geeignete Verstärker (Treiber; engl.: „buffer", „driver") in der Schaltung vorgesehen werden.

Bei der Auswertung der Empfangssignale werden unterschiedliche Verfahren verwendet. Werden im Sensor unterschiedliche Spulen für Sender und Empfänger verwendet, gelten folgende Beziehungen:

$$u_P = U_P \cdot \sin(2\pi f_{exc} \cdot t) \tag{3.7}$$

$$u_{S,\sin} = U_{S,\sin} \cdot \sin(2\pi f_{exc} \cdot t) \cdot \sin\varphi \tag{3.8}$$

$$u_{S,\cos} = U_{S,\cos} \cdot \sin(2\pi f_{exc} \cdot t) \cdot \cos\varphi \tag{3.9}$$

(u_P, $u_{S,\sin}$, $u_{S,\cos}$: Momentanwerte der Primär- und Sekundärspulenspannungen in
[V]; U_P, $U_{S,\sin}$, $U_{S,\cos}$: Amplituden der Primär- und Sekundärspulenspannungen in

[V] (abhängig von den Kopplungsfaktoren); f_{exc}: Anregefrequenz in [Hz] [2]; t:
Zeit in [s]; φ: mechanischer Winkel in [rad])

Die in den Sekundärspulen induzierten Spannungen sind amplitudenmodulierte
Signale, bei denen die Frequenz des Trägersignals der des Anregesignals entspricht.
Die Einhüllenden der Trägersignale haben dabei einen sinus- oder cosinusförmigen
Verlauf. Für die Ableitung eines Winkels aus den Sekundärspannungen kann die
Interpolationsformel Gl. 2.2 aufgrund der Trägerfrequenz (es gibt Stellen mit
$u_{S,\sin}$, $u_{S,\cos} = 0$) nicht direkt auf die Signale aus Gl. 3.8 und 3.9 angewendet werden.
Deshalb werden zwei andere Verfahren eingesetzt. Beim Amplitudenauswerteverfahren
werden die Einhüllenden der Signale ermittelt. Dazu werden entweder Demo-
dulationsverfahren für amplitudenmodulierte Signale genutzt oder die Signale werden
zum Amplitudenmaximum innerhalb einer Anregeperiode abgetastet. In moderneren
Systemen werden aber Nachlaufverfahren eingesetzt (engl.: „tracking converter";
[15]). Die Signale der Sekundärspulen werden einer Verarbeitungsstruktur zugeführt
die mit Filtern erster, oder besser, zweiter Ordnung und Rückkopplungen arbeitet. Auf
diese Weise wird ein Winkel geschätzt und mit den Originalsignalen verglichen.
Werden Abweichungen erkannt, werden diese mit Hilfe einer Reglerstruktur ausgeglichen. Entsprechend läuft das gemessene Winkelergebnis dem eigentlichen Winkel
nach, was die Bezeichnung Nachlaufverfahren begründet. Diese Strukturen weisen
eine geringe Latenz auf und sind durch die eingesetzten Filter weniger empfindlich
auf Rauschen. Die Qualität der Ergebnisse kann durch aufwändige Signalverarbeitung,
z. B. Beobachter, gesteigert werden. Solche Wandlungsfunktionen sind in modernen
ASSPs, sogenannten Resolver-Digital-Wandlern (engl.: „resolver-to-digital converter"; RDC), umgesetzt. Auch ist der Anregeoszillator in den entsprechenden Bau-
steinen integriert. RDCs können nicht nur für klassische Resolver verwendet werden
sondern auch für weitere induktive Anordnungen.

Ein anderes Auswerteschema ergibt sich, wenn nicht die Primärspule angeregt
wird, sondern die Sekundärspulen. Nun gelten die folgenden Beziehungen:

$$u_{S,\cos} = U_{S,\cos} \cdot \cos(2\pi f_{exc} \cdot t) \tag{3.10}$$

$$u_{S,\sin} = U_{S,\sin} \cdot \sin(2\pi f_{exc} \cdot t) \tag{3.11}$$

$$u_P = u_{S,\cos} \cdot \sin\varphi + u_{S,\sin} \cdot \cos\varphi = U_P \cdot \sin(2\pi f_{exc} \cdot t + \varphi) \tag{3.12}$$

(u_P, $u_{S,\sin}$, $u_{S,\cos}$: Momentanwerte der Primär- und Sekundärspulenspannungen in
[V]; U_P, $U_{S,\sin}$, $U_{S,\cos}$: Amplituden der Primär- und Sekundärspulenspannungen in

---

[2] Die Kreisfrequenz ω wird an dieser Stelle vermieden, da sie mit der Winkelgeschwindigkeit
verwechselt werden könnte.

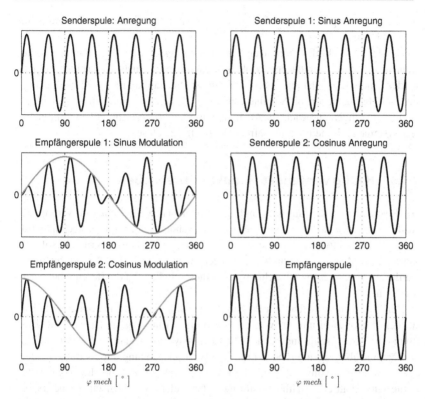

Abb. 3.19 Signale induktiver Sensoren mit drei Spulen: linke Spalte – eine Erregerspule, zwei Empfangsspulen, rechte Spalte – zwei Erregerspulen, eine Empfangsspule

$[V]$ (abhängig von den Kopplungsfaktoren); f_{exc}: Anregefrequenz in Hz; t: Zeit in s; φ: mechanischer Winkel in $[rad]$)

Ergebnis ist in der Primärspule eine induzierte Spannung konstanter Amplitude aber winkelabhängiger Phase. Somit kann der mechanische Winkel durch eine Phasenmessung ermittelt werden.

Abb. 3.19 zeigt auf der linken Seite die Signale bei Anregung der Primärspule und auf der rechten Seite die bei Anregung der Sekundärspulen.

Wird eine Spule als Sender und Empfänger eingesetzt, kommen Induktivitätswandler (engl.: „inductance-to-digital converter"; LDC[3]) zum Einsatz. Diese set-

---

[3] L für das Formelzeichen der Induktivität.

zen die Dämpfung in ein digitales Winkelsignal um. Das Prinzip wurde bereits im vorigen Kapitel erläutert.

Bei der Auswahl des induktiven Sensors und dessen Signalverarbeitung sollte nicht nur auf die Qualität des Winkels im stationären Zustand geachtet werden sondern auch das Verhalten das Systems unter Drehzahl und Beschleunigung. So sind, z. B. bei Ansätzen mit Nachlauffiltern mit Winkelabweichungen bei Beschleunigungsvorgängen zu beachten. Auch kann die Latenz (Abschn. 5.3.1) in induktiven Systemen mit kleiner Anregefrequenz relative hoch sein.

3.3.3 Häufig verwendete induktive Drehgeber

Der Resolver (dt.: Koordinatenwandler, Drehmelder) ist eine sehr weit verbreitete Ausführung eines induktiven Drehgebers. Insbesondere in der Antriebstechnik wird er häufig als Motor-Feedback-System eingesetzt. Unter dem Begriff „Resolver" werden zwei Arten von induktiven Drehgebern verstanden. Die Grundprinzipien wurden im vorigen Kapitel beschrieben. An dieser Stelle folgt die Beschreibung der Sensoren.

Der Resolver, der nach dem Prinzip des variablen Transformators arbeitet hat auf dem Stator zwei um 90° versetzt angeordnete Empfangsspulen und auf dem Rotor eine Erregerspule angeordnet. Die Energie wird dabei auf zwei Arten auf die Primärspule übertragen. Früher wurde eine Wechselspannung mittels Bürsten oder eines Schleifrings vom Stator auf den Rotor gebracht (engl.: „brushed resolver"). Heute nutzt man einen Hilfstransformator bzw. elektromagnetischen Übertrager (engl.: „brushless resolver"). Eine Primärspule am Stator wird mit einer Wechselspannung beaufschlagt welche in einer Sekundärspule auf dem Rotor einen Wechselstrom induziert. Dieser Wechselstrom wird an die eigentliche Primärspule des Resolvers geleitet. Dieses induziert in den zwei Sekundärspulen des Stators je ein amplitudenmoduliertes Sinus- und Cosinussignal. Die beiden Spulensysteme sind dabei typischerweise übereinander angeordnet (Abb. 3.20).

Eine weitere Variante des allgemeinen Resolvers ist der Reluktanzresolver. Bei diesem befindet sich die Primärspule auf dem Stator und induziert ein gleichmäßiges radial gerichtetes zeitlich variierendes Magnetfeld. Der Rotor wird durch ein geometrisch geformtes Reluktanzelement gebildet, welches das Magnetfeld örtlich, und somit abhängig von der Winkelstellung, beeinflusst. Das Rotorelement wird aus laminiertem Trafoblech hergestellt, so dass keine nennenswerten Wirbelströme im Rotor generiert werden.

Resolver generieren eine oder mehrere Winkelperioden pro Umdrehung (PPR). Erreicht wird dies durch die Anordnung der Spulen im Stator und, beim

Abb. 3.20 schematische Darstellung eines bürstenlosen Resolvers: oben – Schnittbild, unten – Draufsicht

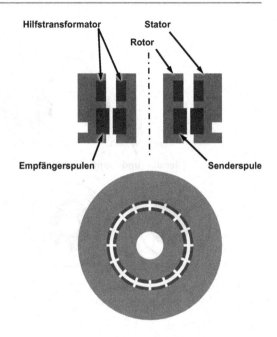

Reluktanzresolver, durch die geometrische Gestaltung des Rotorelements (vgl. Abb. 3.21). Da bei mehr als einer Winkelperiode pro Umdrehung der Absolutwinkel auf eine mechanische Umdrehung verloren geht, werden solche hochpoligen Resolver nur für Inkrementalsysteme oder für die Drehzahlregelung eingesetzt. Stimmen die Polzahl des Resolvers und die eines elektronisch kommutierten Motors überein, so kann der Resolver in der Antriebstechnik auch für die Kommutierung eingesetzt werden. Durch Kombination mehrerer übereinander angeordneter Spulensysteme mit unterschiedlicher Periodenzahl kann ein Absolutresolver mit höherer Auflösung realisiert werden. Dies ist allerdings recht aufwändig und somit kostspielig in der Herstellung, so dass man solche Ausführungen sehr selten antrifft.

Resolver werden typischerweise als Kits angeboten, d. h. Rotor und Stator sind einzelne Komponenten. Diese müssen in der Anwendung sowohl in der Zentrizität als auch in der axialen Lage gut zueinander ausgerichtet werden (konstruktiv oder durch mechanische Justage). Ansonsten ist die Kopplung nicht ideal, was sich negativ auf die Genauigkeit des Winkelsignals auswirkt. Dabei ist die Zentrizität anwendungsbedingt weniger kritisch als die axiale Lage, dabei sind die Reluktanzresolver verträglicher als deren bürstenlosen Verwandten.

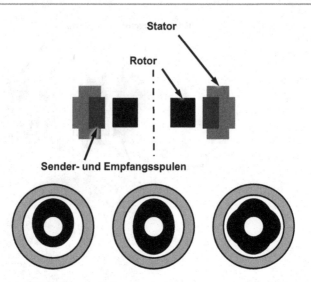

Abb. 3.21 schematische Darstellung eines Reluktanzresolver: oben – Schnittbild, unten Draufsicht – links – einpoliger Rotor, mitte – zweipoliger Rotor, rechts – vierpoliger Rotor

Resolver sind rein elektromechanische Konstruktionen. Für die Signalauswertung benötigen sie einen RDC. Diese werden entweder als dedizierte Bausteine angeboten oder werden beim Einsatz in der Antriebstechnik oft im Regler in der ohnehin verfügbaren Elektronik (FPGA oder leistungsfähiger Prozessor) umgesetzt. Dass Signalwandler (Resolver) und Signalauswertung separiert sind, wird in der Antriebstechnik genutzt. Der Resolver ist im Motor untergebracht, in dem es sehr heiß werden kann, wobei die auf elektronischen Bauteilen basierende Signalauswertung im „kühlen" Regler sitzt. Somit kann der Motor mit höheren Temperaturen betrieben werden, als es mit mechatronischen Motor-Feedback-Systemen zulässig wäre. Begrenzt wird die Betriebstemperatur des Resolvers primär durch die Isolationsklasse der Spulendrähte. Diese ist aber typischerweise identisch mit der der Motorwicklungen. Zu achten ist auch auf die Verkabelung des Resolvers, insbesondere dadurch, dass analoge Signale übertragen werden. Neben der Temperaturverträglichkeit sind Resolver auch mechanisch sehr robust. In der Auswahl eines Resolvers ist zu beachten, dass der erreichbare Winkelfehler nicht nur durch den Resolver an sich bestimmt wird, sondern dass der RDC auch einen signifikanten Fehler einbringen kann. Selten findet man Multiturn-Resolver oder gar elektronische Komponenten die Mehrwertfunktionen bereitstellen (Abschn. 5.1.3), wie es die mechatronischen Drehgeber können.

Wurde in Abschn. 3.2.3 bereits ein Zahnradsensor auf magnetischer Basis beschrieben, wird an dieser Stelle gezeigt, wie ein induktiver Zahnradsensor aufgebaut ist. Auch in diesem Fall ist der Modulator ein auf die Welle montiertes Zahnrad (alternativ Zahnkranz oder Zahnscheibe) aus weichmagnetischem Material. Kann der Sensorkopf zwar in ähnlicher Weise konstruiert sein wie der des magnetischen Gegenstücks, so ist doch die Sensorik unterschiedlich. Der induktive Sensorkopf beinhaltet eine gerichtete Spule und eine Elektronik. Es wird ein Schwingkreis realisiert, in dem die Sensorspule die Induktivität darstellt. Durch das sich drehende Zahnrad ändert sich durch die Gegenkopplung die Dämpfung im Erregerschwingkreis, die messtechnisch erfasst werden kann. Auch diese Sensoren sind mechanisch sehr robust. Aufgrund der Temperaturkoeffizienten der Komponenten muss bei diesem System aber gegebenenfalls eine Temperaturkompensation vorgesehen werden. Der Sensorkopf kann nicht nur für die Winkelsensorik verwendet werden, sondern auch für die Abstandsmessung.

3.4   Kapazitives Funktionsprinzip

Für das Erfassen von Winkeln und Drehbewegung eignet sich auch die kapazitive Sensorik (Tab. 3.7), [11, 16, 19]. Einige der Vorteile sind: kompakte Bauform, hohe Lebensdauer und Robustheit gegenüber mechanischen Toleranzen sowie gegen Schmutz und magnetische Felder.

Die elektrische Kapazität beschreibt die Fähigkeit eines Elements elektrische Ladung zu speichern. Definiert ist sie als das Verhältnis der elektrischen Ladung zu der zwischen zwei voneinander isolierend angeordneten Leitern angelegten elektrischen Spannung. Die Isolation kann dabei Luft sein oder ein anderes nichtleitendes Material, das sogenannte Dielektrikum. Technisch gezielt umgesetzt werden kann sie durch eine Kapazität.

$$C = \frac{Q}{U} = \varepsilon_0 \, \varepsilon_r \frac{A}{d} \qquad (3.13)$$

Tab. 3.7 Sender-Modulator-Empfänger Einordnung für optische Drehgebersensorik

Merkmal	Ausprägung
Sender	Elektrisches Feld
Modulator	Variables Dielektrikum od. variable effektive Elektrodenfläche
Empfänger	Empfangselektrode mit Ladungsverstärker

(C: elektrische Kapazität in As/V oder F(Farad); Q: elektrische Ladung in As; U: elektrische Spannung in V; ε_0: elektrische Feldkonstante mit $8{,}8541 \times 10^{-12}\,\frac{As}{Vm}$; ε_r: dimensionslose materialspezifische Dielektrizitätskonstante bzw. relative Permittivität; d: Plattenabstand in m; A: effektive Fläche zwischen den Platten in m²)

Ein Kondensator besteht aus zwei parallel zueinander angebrachten Elektroden, zwischen denen mittels einer elektrischen Potentialdifferenz ein elektrisches Feld erzeugt wird. Davon ausgehend gibt es zwei Konfigurationen, welche für den Aufbau eines Drehgebers relevant sind. Zum einen können geometrisch geformte Elektrodenstrukturen zueinander bewegt bzw. verdreht werden. Hierdurch wird die effektive Fläche A zwischen den Elektroden variiert, was zu einer Änderung der Kapazität führt. Zum anderen kann ein mechanisch geformtes Dielektrikum zwischen zwei stationären Elektroden bewegt, bzw. gedreht werden. Dadurch ändert sich die effektive Permittivitätszahl ε_r zwischen den Elektroden, was wiederum zu einer Kapazitätsänderung führt. Diese Ansätze werden schematisch in Abb. 3.22 zusammen mit Reflektion auf die Formel für die Kapazität dargestellt.

Wie diese Prinzipien in einen Drehgeber umgesetzt werden können, zeigt Abb. 3.23.

In Abb. 3.23 wird links die sogenannte 3-Platten-Konfiguration dargestellt. Hier sind die drei Grundelemente des Drehgebers, d. h. Sender, Modulator und Empfänger als einzelne Komponenten ausgeprägt. Der Sender ist eine stationäre Leiterplatte mit einer zirkularen leitenden Plattenstruktur. Die leitende Struktur ist in radialer Richtung segmentiert, um sogenannte Lamellen auszuprägen (Abb. 3.24, links). Die Lamellen werden durch hochfrequente Signale angeregt, um eine Signalmodulation (Zeitbereich) zu erhalten. Jede vierte der Lamellen ist elektrisch mitei-

Abb. 3.22 Prinzipien kapazitiver Sensoren: oben – variable Elektrodenfläche, unten – variable Permittivität

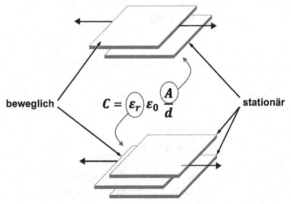

beweglich $\qquad C = \left(\varepsilon_r\right)\varepsilon_0\,\dfrac{A}{d} \qquad$ stationär

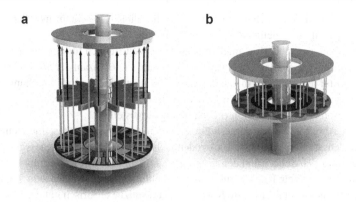

Abb. 3.23 Aufbau kapazitiver Drehgeber. **a**) 3-Platten, **b**) 2-Platten (Quelle: SICK STEGMANN GmbH)

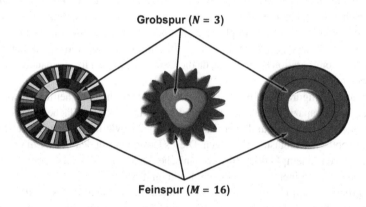

Abb. 3.24 Komponenten eines kapazitiven 3-Platten-Drehgeber: links – Senderplatine, mitte – dielektrischer Rotor, rechts – Empfängerplatine (Quelle: SICK STEGMANN GmbH)

nander verbunden. Es ergibt sich eine Multi-Elektroden-Struktur. Der Empfänger basiert ebenfalls auf einer zirkularen, leitenden, stationären Platte (Abb. 3.24, rechts). Wie der Sender, so lässt sich auch der Empfänger als Leiterplatte herstellen. Die dritte Platte ist der Rotor (Abb. 3.24, mittig). Dieser ist aus dielektrischem Material und moduliert (räumlich) das elektrische Feld zwischen Sender und Empfänger abhängig von der Winkelposition der Achse auf der er angebracht ist. Dieser Rotor (die Maßverkörperung) wird aus einem Material mit dielektrischen Eigenschaften, z. B. Kunststoff, hergestellt und ist sinusförmig ausgeprägt, wenn sinusförmige Ausgangssignale vom Sensor erforderlich sind. Die stationären

Platten werden durch mechanische Elemente, beispielsweise einem metallischen Distanzring, auf einen definierten Abstand gehalten.

Jeweils vier benachbarte Lamellen überdecken den Bereich für eine Sinusform auf dem Rotor (vgl. Signalverarbeitung weiter unten). Die Anzahl der Sinusformen auf dem Rotor definiert die Anzahl der Sinus-Cosinusperioden pro Umdrehung für den kapazitiven Drehgeber. In den Bildern Abb. 3.23 (links) und Abb. 3.24 ist eine Konfiguration mit 16 Perioden pro Umdrehung dargestellt.

Die in Abb. 3.23 rechts dargestellte 2-Platten-Anordnung repräsentiert einen Messkondensator mit variabler Elektrodenfläche. Auf der Statorplatine sind die Strukturen für den Sender und den Empfänger aufgebracht. Der Rotor trägt die sinusförmig ausgeprägte Kupferstruktur für die Feldmodulation, welche dem Sender gegenübersteht und eine zirkulare Kopplungsspur, welche elektrisch mit der Modulationsstruktur verbunden ist und auf die Empfängerstruktur kapazitiv rückkoppelt. Durch eine solche Anordnung wird vermieden, dass auf dem Rotor elektronische Komponenten verschaltet werden müssen, die dann über eine induktive Kopplung oder Schleifkontakte mit dem Stator zu verbinden wären. Ein Nachteil dieser Konfiguration ist die hohe Amplitudenempfindlichkeit in Bezug auf Axialbewegungen des Rotors ($C \alpha 1 / 2l$). Diese Abstandsempfindlichkeit spielt bei der 3-Platten-Konfiguration keine Rolle, da die Elektrodenplatten fix zueinander angeordnet sind.

Beiden Konfigurationen gemeinsam sind die holistische (ganzheitliche) Abtastung, d. h. die kapazitive Abtastung ist auf die gesamte zirkulare Fläche verteilt und somit nicht auf einen räumlichen Punkt beschränkt, wie beispielsweise bei den meisten optischen Abtastanordnungen. Dieses Design macht den Sensor in seinem Verhalten sehr unempfindlich für mechanische Änderungen, die 3-Platten Konfiguration noch weniger als die 2-Platten Konfiguration.

Da die Funktion des Sensors nicht nur durch die Modulation des elektrischen Feldes gegeben ist, lohnt sich ein Blick auf die Verarbeitung der Signale. Die Signalverarbeitung ist für beide Anordnungen identisch. Ein Anregegenerator erzeugt vier hochfrequente Spannungen. Diese Rechteckspannungen sind 90° elektrisch zueinander phasenverschoben. Die Anregefrequenz ist deutlich höher als die maximale Drehzahl des entsprechenden Drehgebers, aber doch so gering, dass typische Hochfrequenzprobleme vermieden werden. Die Anregesignale werden an den Multi-Elektroden-Sender angelegt, wohingegen der Empfänger die induzierten elektrischen Ladungen des modulierten elektrischen Feldes empfängt. Ein Ladungsverstärker wandelt die Ladungen in eine Spannung, welche durch einen nachgeschalteten Verstärker verstärkt und in ein differenzielles Signal umgesetzt werden. Der Synchrondemodulator demoduliert (Zeitbereich) das differenzielle Signal, wobei die Synchronisationssignale vom Anregegenerator abgeleitet werden.

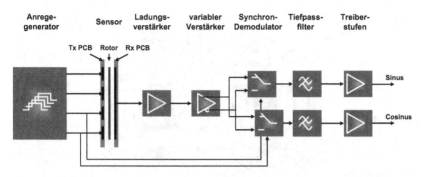

Abb. 3.25 Signalverarbeitung kapazitiver Drehgeber

Zwei Demodulatoren können dabei zur Generierung je eines Sinus- und eines Cosinus-Signals eingesetzt werden. Die nachfolgenden Tiefpassfilter unterdrücken Störungen der Demodulation sowie das Signalrauschen. Allerdings haben diese Tiefpassfilter ein Laufzeitverhalten, welches durch die Gruppenlaufzeit beschrieben wird (vgl. Abschn. 5.3.1), was zu einer Latenz führt. Abb. 3.25 zeigt, wie die Signale kapazitiver Drehgeber verarbeitet werden.

Textlich beschrieben wurden bisher nur Einspursysteme. Werden mehrere Auswertespuren integriert und ausgewertet, so ist es möglich, einen Absolutwert-Drehgeber zu realisieren. Dies ist in den Bildern Abb. 3.23 und Abb. 3.24 bereits erkennbar. Dabei findet die in Abschn. 2.4.2 beschriebene MxN-Codierung Verwendung. In den dargestellten Systemen sind dabei $M = 16$ und $N = 3$.

Bei geringen Kapazitätsänderungswerten bis hinunter in den Femtofarad-Bereich (fF, 10^{-15} F) müssen die Messkerne vor externen Störungen geschützt werden. Dies geschieht, indem man den Messkern durch einen Faraday'schen Käfig schützt. Dazu wird um den Messkern eine geschlossene Hülle aus leitend verbundenen Elementen gelegt. Da dieser Käfig nicht zu 100 % geschlossen werden kann – schließlich muss der Rotor an die Drehachse mechanisch angebunden werden – ist darauf zu achten, dass elektrische Störquellen einen ausreichend großen Abstand zu den offenen Stellen haben (Abb. 3.26). Ein weiterer Schutzmechanismus ist durch das Bandpassverhalten des synchronen Demodulators implizit gegeben. Somit können nur Störungen in einem eng definierten Frequenzband und genügend großer Störamplitude das Messergebnis beeinflussen.

Da kapazitive Drehgeber recht unempfindlich auf mechanische Toleranzen reagieren, können diese grundsätzlich ohne Eigenlagerung aufgebaut werden. Dies verringert das Massenträgheitsmoment deutlich und erhöht die Lebensdauer des Drehgebers wesentlich, da das anfällige Bauelement Wälzlager nicht vorhanden ist.

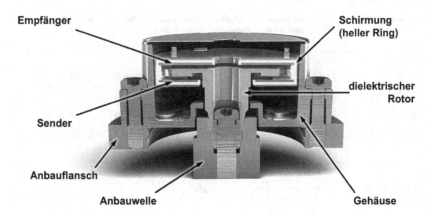

Abb. 3.26 integrierte Schirmung bei kapazitiven Drehgebern (Quelle: SICK STEGMANN GmbH)

3.5   Resistiv-Potenziometrisches Funktionsprinzip

Beim resistiv-potentiometrischen[4] Wirkprinzip wird der ohmsche Widerstand eines Drehgebers in Abhängigkeit von der Winkelstellung moduliert (Tab. 3.8). Verwendet man das Potentiometer als ohmschen Spannungsteiler, wirkt eine Drehung als Spannungsänderung an einem variablen Teilwiderstand. Die sich ergebende Potentialdifferenz ist namensgebend für das Potentiometer. Prinzipiell wird ein elektrischer Gleitkontakt bzw. Schleifkontakt über eine Widerstandsbahn bewegt. Für die rotative Messaufgabe ist die Widerstandsbahn ringförmig ausgeprägt. Von den im Rahmen dieses Buches genannten Funktionsprinzipien für Drehgeber ist das resistiv-potentiometrische somit das einzige berührungsbehaftete. Typische Umsetzungen haben einen Messbereich kleiner als 360° mechanisch. Aus konstruktiven Gründen ergibt sich ein Totbereich von einigen Grad. Dieser kann je nach Ausführung und Hersteller innerhalb eines Bereichs von nur 5° bis hin zu 60° betragen (sind es mehr kann dies die Spezifikation sein). Teilweise sind die Potentiometer auch mechanisch auf den Messbereich eingeschränkt, viele sind aber mechanisch durchdrehbar. Es gibt aber auch Sonderausführungen mit dem vollen Messbereich von 360° (Abb. 3.27).

---

[4] Im Rahmen dieses Buchs wird nur von einem resistiven sondern vom resistiv-potentiometrischen Prinzip gesprochen, um es vom magneto-resistiven Prinzip aus Abschn. 3.2 deutlicher abzugrenzen.

Merkmal	Ausprägung
Sender	Strom-/Spannungsquelle
Modulator	Schleifer eines variablen Spannungsteilers
Empfänger	Operationsverstärker

Tab. 3.8 Sender-Modulator-Empfänger Einordnung für resistiv-potentiometrische Drehgebersensorik

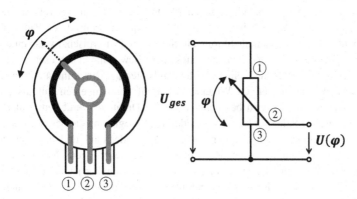

Abb. 3.27 resistives Potentiometer: links – schematische Darstellung, rechts – Ersatzschaltbild

Die Widerstandsbahn wird in industriellen Ausführungen durch einen Draht oder eine Leitplastikschicht realisiert. Es gilt folgende Gleichung zu beachten:

$$R = \rho \frac{l}{A} \tag{3.14}$$

(R: Widerstand in $[\Omega]$; ρ: (material-)spezifischer Widerstand in $[\Omega \cdot mm^2/m]$; A: Querschnittsfläche in $[mm^2]$; l: Widerstandslänge in $[m]$)

Eine Widerstandsbahn wird auf einem Träger aufgebracht. Kohle, Kohlegemisch oder Cermet (Verbundwerkstoff aus keramischen und metallischen Materialien), sind Werkstoffe, die bevorzugt im nicht Konsumerbereich genutzt werden. Im industriellen Bereich werden Leitplastikausführungen bevorzugt. Bei diesen besteht der aktive Widerstandsbahnbereich aus leitfähigem Kunststoff. Dieser wird mittels Siebdruck- oder Dickschichtverfahren auf ein Substratmaterial, meist aus FR4,[5] aufgetragen. Bei der Herstellung wird eine möglichst kleine Schichtdickenstreuung angestrebt, da der effektive Querschnitt direkt die Linearität des Potentiometers beeinflusst (vgl. Gl. 3.14). Die Oberfläche entlang der Schleifbahn ist möglichst

---

[5] engl.: „flame retardant class 4"; Verbundwerkstoff aus Epoxidharz und Glasfaser, wie er als Leiterplattenbasismaterial häufig eingesetzt wird.

homogen. Dazu wird sie mit speziellen Verfahren gehärtet und geglättet. Es ergibt sich ein stetig veränderbarer Widerstand. Bei Drahtpotentiometern wird ein Widerstandsdraht als Widerstandsbahn verwendet. Der Draht wird um einen Träger gewickelt und der Schleifer bewegt sich über die sich ergebenden Schleifen. Diese Ausführung wird überwiegend in Bereichen eingesetzt in denen das Potentiometer direkt mit hohen elektrischen Leistungen arbeiten muss. Neben der größeren möglichen elektrischen Verlustleistung sind Drahtpotentiometer in vielen Parametern vergleichbar mit Leitplastikausführungen. Sie haben aber typischerweise eine geringere Lebensdauer, können nur für langsamere Bewegungen eingesetzt werden und haben tendenziell eine kleinere Widerstandstoleranz. Durch ihren Aufbau haben sie auch keinen stetigen Widerstandsverlauf sondern einen mit diskreten Stufen. Die Auflösung wird bestimmt durch die Drahtdicke und den Schleifendurchmesser. Der Schleifer besitzt eine Edelmetall-Legierung da diese korrosionsbeständig ist, einen wenig variierenden Kontaktwiderstand und ein dauerhaft gutes Kontaktverhalten aufweist. Zur Unterstützung dieser Eigenschaften sind die Schleifer als Mehrfingerkonstruktion ausgeprägt. Zu bedenken ist, dass der Schleifer eigentlich als Doppelschleifer ausgeführt ist. Wobei der eine Teil des Schleifers über die Widerstandsbahn fährt und der andere über eine Kontaktbahn, die mit dem Angriffspunkt des Teilwiderstandes verbunden ist.

Heutige industriell einsetzbare Potentiometer haben wenig gemein mit früheren Realisierungen oder gar denen, die aus dem Bereich der Unterhaltungselektronik bekannt sind. Industriepotenziometer verfügen über hochwertige Schleifer-Schicht-Systeme um eine hohe Zuverlässigkeit und Lebensdauer zu gewährleisten. Speziell bei Leitplastikpotentiometern ist die Analogie zu Gleitlagern bzw. tribologischen Systemen angebracht. Des Weiteren verfügen sie über eine hochwertige Eigenlagerung, einen großen möglichen Betriebstemperaturbereich und höherklassige IP-Schutzarten.[6] Der Anschlusswiderstand liegt im Bereich von einigen Kiloohm. Solche eher geringen Widerstände sind sinnvoll für die Beschaltung als Spannungsteiler. Denn die Schleiferspannung sollte möglichst belastungsfrei abgegriffen werden, um den sogenannten Durchhangfehler so gering wie möglich zu halten. Der Belastungswiderstand R_L sollte möglichst groß gegenüber dem Anschlusswiderstand R_{Ges} sein. Empfehlungen reichen von $R_L > 100 \cdot R_{Ges}$ bis $R_L > 1000 \cdot R_{Ges}$, um den systematischen Anteil am Linearitätsfehler so gering wie möglich zu halten. Meist wird dies durch einen als Spannungsfolger beschalteten

---

[6] Die IP-Schutzart (engl.: „international protection code") definiert unterschiedliche Klassen hinsichtlich des Schutzes elektrischer Einrichtungen gegen Berührung und das Eindringen von Fremdkörpern oder Wasser.

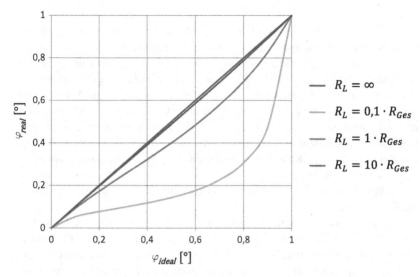

Abb. 3.28 Durchhangfehler bei resistiv-potentiometrischen Drehgebern

Operationsverstärker mit hochohmigem Eingang erreicht. Ein geringer Anschlusswiderstand kommt dem entgegen (Abb. 3.28).

Für den Betrieb eines Potentiometers benötigt man eine hochkonstante Span-
nungs- oder Stromquelle. Alle Schwankungen oder Störquellen (z. B. Rauschen) in
der Quelle reflektieren direkt auf das Messergebnis. Neben den Eigenschaften der
Widerstandsbahn und der Qualität der Spannungs- oder Stromquelle wird die Auflösung durch die Auswerteelektronik begrenzt. Heutige Potentiometer realisieren
eine unabhängige Linearität bis 0,02 %, haben typischerweise eine sehr gute
Wiederholgenauigkeit und verhältnismäßig kleine Temperaturdriften. Sie zeigen
aber eine gewisse mechanisch bedingte Hysterese. Der Anschlusswiderstand R_{Ges}
weist relativ hohe Toleranzen auf, was eine Kalibrierung erforderlich machen kann.
Bei Drahtpotentiometern liegt diese Toleranz mit z. B. ±5 % enger als bei Leitplastikpotentiometern, wo sie bis zu ±20 % betragen kann. Da das resistiv-potentiometrische Funktionsprinzip einen berührend-gleitenden Aufbau hat, hat dies Einfluss
auf die Lebensdauer. Die Widerstandsbahnen sind zwar mechanisch abriebfest
ausgelegt, trotzdem ist die Anzahl der Bewegungszyklen nicht beliebig hoch.
Standard-Industriepotentiometer werden mit Zyklen im einstelligen Millionenbe-
reich angegeben, bessere im zweistelligen Bereich. In Ausnahmen finden sich auch
Geräte mit bis zu 100 Millionen Zyklen. Einhergehend mit der Frage der Lebensdauer ist die nach der Verfahrgeschwindigkeit. Typischerweise liegt diese bei

Potentiometern nicht so hoch, d. h. kleiner 1000 UPM. Auch in diesem Parameter gibt es wieder Sonderfälle bis zu 10000 UPM. Allerdings stehen die maximale Verfahrgeschwindigkeit und die Lebensdauer in Konkurrenz. Dies kann auch anders interpretiert werden: bei kleinen Verfahrgeschwindigkeiten kann es sein, dass der mechanische Abrieb sich schlussendlich gar nicht lebensdauerbegrenzend auf das Potentiometer auswirkt. Hinsichtlich Betrieb in Anwendungen mit Schock- und Vibrationsbelastung gilt es bei Potentiometern den Anpressdruck des Schleifers auf die Widerstandsbahn so ausbalancieren, dass der Kontakt des Schleifers erhalten bleibt aber der Abrieb nicht beschleunigt wird. Entsprechend ist bei der Auslegung der Kontaktkräfte ein Kompromiss zwischen Verschleiß und Kontaktzuverlässigkeit einzugehen. Aufgrund konstruktiver Maßnahmen hinsichtlich Korrosionsbeständigkeit hat die relative Luftfeuchte relativ wenig Einfluss auf den Betrieb und die Zuverlässigkeit.

Resistiv-potentiometrische Drehgeber sind eher passiv ausgeführt, d. h. sie stellen nur das Widerstandspotentiometer dar und besitzen keine aktive Elektronik. Die Widerstandsauswertung wird in der Steuerung realisiert. Es ist auch keine aufwändige Interpolation auf Quadratursignale erforderlich. Das Echtzeitverhalten ist sehr gut. Auch weisen sie keine Schleppfehler bzw. Latenz (vgl. Abschn. 5.3.1) auf. Passive Komponenten sind auch weniger problematisch in der elektromagnetischen Empfindlichkeit und werden nicht durch aktive Bauteile im Temperaturbereich begrenzt. Der Widerstandsverlauf bei Industriepotentiometern ist typischerweise linear. Logarithmische Kennlinien sind im Industriebereich nicht üblich.

Ein spezieller Aufbau für resistiv-potentiometrische Drehgeber sind Mehrgangpotenziometer oder Wendelpotenziometer. Bei diesen wird die rotative Bewegung über eine Spindel in eine lineare umgesetzt. Der Schleifer wird entlang einer linearen Widerstandsbahn verschoben. Dadurch ergibt sich ein Messbereich über mehrere Umdrehungen, somit ein Multiturn-Drehgeber.

3.6   Zusammenfassung

Die vorangegangenen Kapitel haben gezeigt, dass es eine Reihe an Wirkprinzipien gibt, die als sensorische Basis für Drehgeber dienen können. Diese lassen sich noch durch unterschiedliche Varianten implementieren. Und die Liste ist nicht vollständig. Tab. 3.9 gibt einen Überblick zu den in diesem Buch dargestellten Möglichkeiten.

Demgegenüber stehen nahezu unzählige Anforderungsparameter wie sie in der folgenden Tabelle exemplarische genant werden (Tab. 3.10):

Tab. 3.9 Sensorische Funktionsprinzipien im Einsatz bei Drehgebern

Sensorisches Grundprinzip	Variante/Effekt
Optisch	Schattenbild Diffraktion Moiré-Muster Polarisation
Magnetisch	Hall-Effekt magneto-resistiv (inkl. Domänenmanipulation) Wiegand-Effekt
Induktiv	Variabler Transformator Variable Reluktanz Variable Dämpfung
Kapazitiv	Variables Dielektrikum Variable effektive Elektrodenfläche
Resistiv-potentiometrisch	Variabler elektrischer Widerstand

Tab. 3.10 Anforderungsparameter bezüglich Drehgebersensorik (Auszug)

Parameter	Beispiele
Sensorisch, primär	Auflösung, Reproduzierbarkeit, Genauigkeit
Sensorisch, sekundär	Latenz, Hysterese
Mechanisch	Anordnung von Sender-Modulator-Empfänger, Baugröße, Gewicht, Anbau- und Betriebstoleranzen
Elektrisch	Höhe der Versorgungsspannung, Stromverbrauch
Empfindlichkeit auf Betriebsbedingungen	Temperatur, Luftfeuchte, Schmutz oder mechanische Belastungen, elektromagnetische Felder
Wirtschaftlich	Kosten, Verfügbarkeit
Sonstige	Regionale, branchenspezifische oder individuelle Vorlieben, Technologiereife, Kompetenz

Es gibt zwar Faustregeln, welches sensorische Funktionsprinzip für welche Anwendung geeignet ist. An dieser Stelle wird aber empfohlen, dass Anwender und Sensortechnologe gemeinsam die passendste Lösung individuell erarbeiten.

Literatur

1. Hering E, Schönfelder G (Hrsg) (2012) Sensoren in Wissenschaft und Technik – Funktionsweise und Einsatzgebiete. Vieweg+Teubner, Wiesbaden
2. Hesse S, Schnell G (2014) Sensoren für die Prozess- und Fabrikautomation – Funktion – Ausführung – Anwendung, 6. Korrigierte und verbesserte Aufl. Springer Vieweg, Wiesbaden

3. Schiessle E (2010) Industriesensorik – Automation, Messtechnik, Mechatronik. Vogel Buch, Würzburg
4. Fraden J (2010) Handbook of modern sensors – physics, designs, and applications, 4. Aufl. Springer, New York
5. Tränkler HR, Reindl LM (Hrsg) (2014) Sensortechnik – Handbuch für Praxis und Wissenschaft, 2. Aufl. Springer Vieweg, Berlin
6. Walcher H (1985) Winkel- und Wegmessung im Maschinenbau, 2. Aufl. VDI Verlag, Düsseldorf
7. Ernst A (1998) Digitale Längen- und Winkelmeßtechnik – Positionsmeßsysteme für den Maschinenbau und die Elektronikindustrie. verlag moderne industrie, Landsberg/Lech
8. Burkhardt T, Feinäugle A, Fericean S, Forkl A (2004) Lineare Weg- und Abstandssensoren – Berührungslose Messsysteme für den industriellen Einsatz. verlag moderne industrie, München
9. Homburg D, Reiff EC (2003) Weg- und Winkelmessung (Absolute Messverfahren). PKS Verlag, Stutensee
10. Diamond CT, Todd M, Orlosky S (2010) Industrial encoders for dummies, 2. Aufl. Wiley, Hoboken
11. Du WY (2015) Resistive, capacitive, inductive, and magnetic sensor technologies. CRC Press, Boca Raton
12. Parriaux OM (1998) Device for measuring translation, rotation or velocity via light beam interference. Internationale Patentanmeldung Nr. WO 00/11431, PCT, veröffentlicht am 02.03.2000
13. Siraky J, Johnson M (2008) Verfahren und Vorrichtung zur Messung des Drehwinkels eines rotierenden Objekts. Europäisches Patent Nr. EP 2 187 178 B1, EPO, veröffentlicht am 14.08.2013
14. Philips Semiconductors (1998) General magnetic field sensors. Datenblatt
15. Szymczak J, O'Meara S, Gealon JS, De La Rama CN (2014) Precision resolver-to-digital converter measures angular position and velocity. Analog dialogue 48-03, März 2014, Firmenschrift Analog Devices
16. Baxter LK (1997) Capacitive sensors: design and applications. IEEE Press, New York
17. Hopp DM (2012) Inkrementale und absolute Kodierung von Positionssignalen diffraktiver optischer Drehgeber. Dissertation, Universität Stuttgart
18. Samland T (2011) Positions-Encoder mit replizierten und mittels diffraktiver optischer Elemente codierten Maßstäben. Dissertation, Albert-Ludwigs-Universität Freiburg
19. Kennel R, Basler S (2008) New developments in capacitive encoders for servo drives. In: SPEEDAM 2008, Ischia, pp 190–195

Aufbau und Schnittstellen von Drehgebern

4

Zusammenfassung

Neben der eigentlichen Sensorik besteht ein Drehgeber aus weiteren Komponenten und Modulen, die für seine Funktion und seine Integration in die Anwendung notwendig sind. Beschrieben werden mechanische Lager und Kupplungen sowie unterschiedliche Module zur Umsetzung der Multiturn-Funktion und relevante Aspekte der Elektronik und Signalverarbeitung. Für die Anbindung an die Anwendung dienen die mechanischen und elektrischen Schnittstellen. Diese gibt es in großer Vielfalt und es wird ein Einblick hinsichtlich der gängigsten Geräteausprägungen gegeben.

4.1 Vorbemerkungen

Sowohl der Aufbau als auch der Anbau von Drehgebern an die Anwendung sind geprägt von einer sehr hohen Varianz. Diese wird maßgeblich bestimmt durch die mechanischen und elektrischen Schnittstellen. Dabei sind im mechanischen Bereich die Kopplung der Wellen und der Flansche zu berücksichtigen. Bei der elektrischen Schnittstelle spielen elektromechanische Komponenten (Stecker, Kabel), die elektrischen Parameter (Ströme, Spannungen, Signalfrequenzen) sowie die Definition der Informationsübertragung eine Rolle.

© Springer Fachmedien Wiesbaden 2016
S. Basler, *Encoder und Motor-Feedback-Systeme*,
DOI 10.1007/978-3-658-12844-9_4

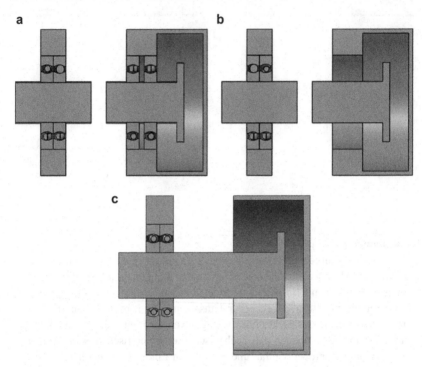

Abb. 4.1 Schnittbild unterschiedlicher Ausführungen von Drehgeber und deren Anwendung: **a**) Anbaugeber mit Eigenlagerung, **b**) Anbaugeber mit Fremdlagerung, **c**) Kit→ Schnittbild Geber + Anwendung mit Indikation nach Lagern und Kupplungselementen

Wurden in Kap. 3 bereits die Schlüsselkomponenten für die Sensorik beschrieben liegt der Schwerpunkt in diesem Kapitel auf mechanischen und elektrischen Schlüsselkomponenten, Baugruppen, sowie Gerätekonfigurationen. Zu letzterem sei an dieser Stelle bereits eine Definition getroffen, die im Laufe des Kapitels immer wieder adressiert wird. Eine Unterscheidung im Drehgeberaufbau ergibt sich durch die Anordnung von Welle und Flansch. Wird ein komplettes Gerät an die Anwendung angebracht, spricht man von einem Anbaugeber. Werden Baugruppen des Drehgebers erst in der Anwendung montiert, bezeichnet man diesen als Kit (der Begriff „Bausatz" ist nicht gebräuchlich). Bei Anbaugebern gibt es Versionen mit Eigenlagerung oder ohne (Fremdlagerung) (Abb. 4.1).

4.2   Drehgeberkomponenten und -module

4.2.1   Mechanische Lagerung

Mit dem Drehgeberaufbau ergibt sich auch eine Definition, wo im System die notwendige Lagerung der Welle (Drehgeber und Anwendung) angeordnet ist. Bei lagerlosen Anbaugebern und Kits befinden sich Lager nur an der Welle der Anwendung. Eigengelagerte Anbaugeber verfügen, wie der Begriff schon definiert, über eigene Lagerkomponenten.

Die Frage nach der Lagerung für Drehgeber stellt sich deshalb, da die Sensorgrundelemente, Sender-Modulator-Empfänger aufeinander abgestimmt werden müssen. Dabei bestimmt die verwendete Sensorik den Grad der Präzision. Kann die erforderliche mechanische Ausrichtung nicht durch die Endanwendung gewährleistet werden, werden vorwiegend Anbaudrehgeber mit Eigenlagerung verwendet. Dazu wird die Welle, die den Modulator trägt, über Wälzlager mit dem Drehgeberflansch gekoppelt. Der wiederum wird mit dem Stator der Anwendung verbunden. Bei einem solchen eigengelagerten Drehgeber kann der Hersteller die Einheit Sender-Modulator-Empfänger so präzise aufeinander ausrichten, wie es die Toleranzen in der Sensorik vorgeben.

Grund für den Ausfall eines Drehgebers kann Verschleiß des Lagers sein, da diese berührungsbehaftete, rotierende Teile sind. Auch aus diesem Grund haben Drehgeber ohne Eigenlagerung berechtigte Einsatzgebiete. Die lagerlosen Drehgeber stellen einen Sonderfall dar, da sie Eigenschaften von Anbaudrehgebern und Kits besitzen. So muss bei der Montage nicht mit teils sensiblen Baugruppen hantiert werden noch braucht man spezielle Kupplungselemente. Es müssen aber auch gewisse mechanische Toleranzen eingehalten werden. Teilweise ist es sinnvoll oder gar erforderlich, dass spezielle Montagehilfen genutzt werden. Erhältlich sind lagerlose Anbaugeber, z. B. mit induktiver (Abschn. 3.3) oder kapazitiver (Abschn. 3.4) Sensorik. Diese sind aufgrund einer holistischen Abtastung recht tolerant beim mechanischen Anbau und bei mechanischen Änderungen während des Betriebs.

Bei Drehgeber-Kits sind die Maßverkörperung (Modulator) und die Sensorelektronik (Sender-Empfänger) einzelne Baugruppen. Diese sind nicht werksseitig kombiniert und damit auch nicht herstellerseitig fest zueinander positioniert. Daher benötigt man Anbauhilfen, um die Maßverkörperung relativ zu dem Empfänger in die richtige Position zu bringen. Bei einer hohen geforderten Genauigkeit des Drehgebers ist diese Positionierung zuverlässig und genau auszuführen. Es gibt aber auch Drehgeber-Kits welche bauartbedingt auf Einstellhilfen verzichten können. Dies gilt für Systeme, welche zwar eine relativ geringe Grundauflösung besitzen, aber mechanische Fehler der Anwendung recht gut tolerieren können. Klassisch wären hier die Resolver zu nennen (Abschn. 3.3.3). Im anderen Fall ist es auch möglich durch die Verwendung von zwei oder mehr Leseköpfen die gleichmäßig am Umfang der Maßverkörperung verteilt werden Exzentrizitätsfehler (siehe Abschn. 2.5.2) elektronisch oder rechnerisch zu kompensieren. Es bringt einige Implikationen mit sich, dass bei Kits Modulator und die weitere Sensorik als separate Baugruppen ausgeprägt sind. So werden diese erst in der Anwendung kombiniert, was einen Austausch von Komponenten erlaubt. Allerdings ist oft auch ein Kalibrierlauf erforderlich. Kits finden nicht nur dort Verwendung wo die entsprechenden Voraussetzungen durch die Applikation gegeben sind, sondern auch dort wo Anbaugeber unwirtschaftlich sind, z. B. bei Anwendungen mit sehr großen Durchmessern.

Drehgeber, die als eigengelagerte Anbaugeber ausgeführt sind verwendenden Radiallager, da der erwünschte Freiheitsgrad des Lagers der Drehrichtung der Geberwelle entspricht. Bewegungen in den anderen Freiheitsgraden sind unerwünscht und sollen durch das Lager verhindert werden. Ist das durch die Komponente nicht gewährleistet, so sind konstruktive Maßnahmen am Drehgeber vorzusehen, diese unerwünschten Bewegungen auf ein tolerierbares Maß zu reduzieren. Bei Drehgebern werden meist radiale Wälzlager eingesetzt, dabei wiederum meist Rillenkugellager. Diese können neben radialen Lasten auch axiale aufnehmen. Um Kippbewegungen der Drehgeberwelle und somit des Modulators zu reduzieren, werden zwei Lager verwendet. Diese sind axial möglichst weit voneinander angeordnet. Dies kann so weit gehen, dass bei exzentrischen, transmissiven Sensoranordnungen der Modulator zwischen den beiden Lagern angeordnet ist. Unabhängig vom Lagerabstand, werden die beiden Lager axial vorgespannt, so dass die axiale Lagerluft (bzw. das axiale Spiel) möglichst gegen Null geht (Abb. 4.2).

Bei Rillenkugellagern werden Kugeln als Wälzkörper verwendet, die die zueinander bewegten Teile, d. h. Drehgeberflansch und -welle, stützen. Zur Reduzierung der Reibung zwischen den Kugeln und den Laufbahnen der Lagerschalen und somit des Verschleißes an den Wälzlagern kommen geeignete Schmiermittel zum Einsatz. Dabei wird meist auf Schmierfette zurückgegriffen. Dreht sich das Kugellager bildet sich ein tragfähiger Schmierfilm zwischen Kugeln und Laufbahnen aus. Schmierfettmenge und -art werden an die Anwendung angepasst. Bei der Menge ist darauf zu achten, dass es aufgrund einer zu großen Füllmenge nicht zum Austritt von Schmiermittel kommt. Dies kann fatale Folgen für den Drehgeber haben. So können, z. B. Ablagerungen von Schmiermitteln auf einer optischen Codescheibe zum Ausfall des Drehgebers führen – sporadisch und punktuell (abhängig von der Winkelposition). Um diese Gefahr zu reduzieren kommen

Dichtscheiben zum Einsatz. Diese Dichtung schützt den Drehgeber nicht nur vor Schmiermittelaustritt sondern auch zur Applikation hin, d. h. sie vermindert den Eintritt von Partikeln, Feuchte, usw. aus der Umgebung in den Drehgeber. Somit ist auch das Lager eine wichtige Komponente in der Auslegung der IP-Schutzart eines Drehgebers.

Die Lebensdauer ist ein wichtiger Parameter von Drehgebern, insbesondere in industriellen Anwendungen. Die Forderungen können mehrere zehntausend Betriebsstunden betragen – unabhängig von den Einsatzbedingungen (Drehzahlprofil, Temperatur, Luftfeuchte, mechanische Belastungen, etc.) und, selbstverständlich, ohne Wartung. Lebesdauerbegrenzend an Lagern kann entweder der Verlust der Wälzeigenschaften oder ein wachsendes Lagerspiel wirken. Beim Verlust der Wälzeigenschaften erhöht sich das Drehmoment deutlich. Ein größer werdendes Lagerspiel verändert die mechanischen Verhältnisse von Sender-Modulator-Empfänger zueinander, was sich negativ auf die Genauigkeit des Drehgebers auswirken kann oder, im Extremfall, auch zu mechanischer Schädigung.

Alternativ zu Wälzlagern können auch Gleitlager für Drehgeber verwendet werden. Bei Gleitlagern haben die Welle und der Flansch des Drehgebers direkten Kon-

Abb. 4.2 Lagerung bei Drehgebern: oben – kleiner Lagerabstand, unten – großer Lagerabstand

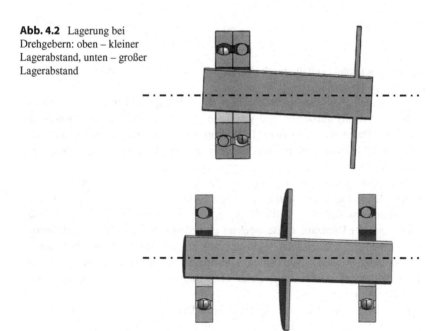

takt miteinander, so dass Maßnahmen zur Reduzierung des Gleitwiderstandes und somit des Verschleißes und der Entstehung von Wärme durch Reibung getroffen werden müssen. Bei wartungsfreien Gleitlagern wird dies durch eine reibungsarme Welle-Gleitlager-Materialpaarung oder die Verwendung von Schmiermitteln erreicht. Dabei kann das Schmiermittel separat eingebracht werden oder ist als Schicht mit selbstschmierenden Eigenschaften im Gleitlager integriert. Trotzdem ist die Lebensdauer von Gleitlagern in der Regel geringer als die von Wälzlagern. Bestimmt wird diese durch den Betriebstemperaturbereich, die spezifische Lagerbelastung und die Gleitgeschwindigkeit. Diese beiden letztgenannten Werte werden in dem pv-Kennwert zusammengefasst:

$$pv = p \cdot v \qquad (4.1)$$

(pv: pv-Kennwert in $[N/mm^2 \cdot m/s]$; p: spezifische Lagerbelastung in $[N/mm^2]$; v: Gleitgeschwindigkeit in $[m/s]$)
Die Gleitgeschwindigkeit errechnet sich aus der Drehzahl und dem Innendurchmesser des Gleitlagers gemäß Gl. 4.2:

$$v = \frac{D \cdot n \cdot \pi}{60 \dfrac{s}{\min}} \qquad (4.2)$$

(v: Gleitgeschwindigkeit in $[m/s]$; D: Innendurchmesser des Gleitlagers in $[m]$; n: Drehzahl in $[1/\min]$)
Neben der Lebensdauer ist zu beachten, dass Gleitlager ein größeres Lagerspiel (radial und axial) aufweisen und geringere Lagerlasten aufnehmen können als Wälzlager. Da nur wenige sensorische Wirkprinzipien und Drehgeberanwendungen diese Einschränkungen tolerieren können findet man Gleitlager nur in gesonderten Einsatzgebieten für Drehgeber.

In Lagern kommt es bei Drehungen immer zu Reibung. Dadurch wird Wärme erzeugt. Diese Eigenerwärmung der Drehgeberlager kann mehrere Kelvin betragen. Beeinflusst wird sie, z. B. durch die Lagerart und -eigenschaften, dem An- und Einbau und der Drehzahl. Diese mechanisch bedingte thermische Verlustleistung muss neben der elektrischen Verlustleistung in der Auslegung der Drehgeber berücksichtigt werden. Beide Faktoren zusammen reduzieren bei gegebener maximaler Betriebstemperatur der elektronischen Bauteile die Betriebstemperatur des Gesamtgerätes.

Ein anderer Aspekt, der bei eigengelagerten Drehgebern zu beachten ist, ist der der Lagerströme. Darauf wird gesondert in Abschn. 5.3.1 eingegangen.

4.2.2 Kupplungselemente

Bei fremdgelagerten Anbaugebern und Kits können, unter Einhaltung der definierten Einbautoleranzen, die Rotor- und Stator-Komponenten von Drehgeber und Anwendung starr miteinander verbunden werden. Drehgeber mit Eigenlagerung hingegen erfordern beim Anbau die Verwendung von Kupplungselementen. Diese gleichen mechanischen Versatz aus. Würden keine Kupplungselemente verwendet, würde die mechanische Wellenbelastung des Drehgebers, dessen zulässige Werte dauerhaft überschreiten und zu einer Schädigung der Drehgeberlager führen. Drei Arten von Versatzarten sind zu unterscheiden (Abb. 4.3).

Beim axialen Versatz handelt es sich um den Längenversatz oder eine Längenänderung entlang der Achse zwischen Antriebswelle und Drehgeberwelle. Dabei

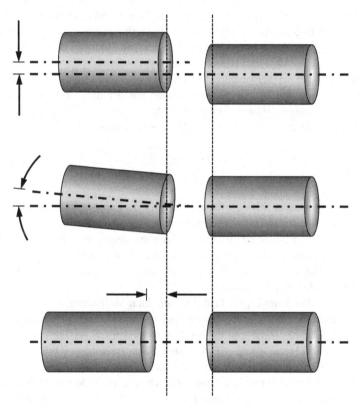

Abb. 4.3 Mechanischer Versatz: oben – lateral, mitte – angular, unten – axial

sind nicht nur die Werte zu beachten, die aus der Montage resultieren, sondern vor allem Längenänderungen, die sich durch den spezifischen Wärmeausdehnungskoeffizienten der Materialien bei Temperaturänderung ergeben (die axiale Lücke dehnt sich aus oder schrumpft).

Angularer Versatz oder Winkelversatz entsteht wenn die beiden Achsen in einem Winkel zueinander stehen. Dieser entsteht vorwiegend während der Montage. Am Geber wirkt dieser Versatz vorwiegend als radiale Wellenbelastung.

Lateraler Versatz entsteht durch eine parallele Verlagerung der beiden Wellen zueinander. Diese entstehen meist durch Montageungenauigkeiten und Bauteiltoleranzen. Am Drehgeber entsteht eine radiale Wellenbelastung.

Zum Ausgleich dieser Wellenversätze kommen Kupplungselemente zum Einsatz. Diese müssen in der Lage sein die genannten Versätze auszugleichen und dabei eine hohe Torsionssteifigkeit aufweisen. Jede Verwindung (Torsion) des Kupplungselements führt direkt zu einem Winkelfehler. Insbesondere ist es wichtig, dass die Kupplung bei allen Beschleunigungsverhältnissen torsionssteif bleibt ansonsten stören sie das dynamische Verhalten der Anwendung (z. B. hochdynamische Servoachsen). Auch sind Hysteriseeffekte unerwünscht.

Generell ist bei der Verwendung von Kupplungen zu beachten, dass diese Federelemente darstellen, so dass sich zusammen mit den anderen Elementen im System ein schwingungsfähiges Feder-Masse-System ergibt. Ihre Eigenfrequenz, bzw. Resonanzfrequenz ergibt sich aus folgender Beziehung [4]:

$$ f = \frac{1}{2\pi} \sqrt{c_T \frac{J_A + J_L}{J_A \cdot J_L}} \qquad (4.3) $$

(f: Resonanzfrequenz in [Hz]; c_T: Torsionssteifigkeit der Kupplung in [Nm/rad]; J_A, J_L: antriebsseitige und abtriebsseitige Momente in [$kg \cdot m^2/rad$])

Bei der Dimensionierung der Anwendung ist darauf zu achten, dass die Eigenfrequenz deutlich oberhalb der maximalen Drehzahl liegt.

Grundsätzlich können zwei Arten von Kupplungselementen unterschieden werden: Wellen- oder Statorkupplungen.

Eine Wellenkupplung [3, 4] dient der indirekten Verbindung zweier Wellen. Dabei kommen torsionssteife Präzisionskupplungen für Anwendungen mit Drehgebern zum Einsatz. Diese gibt es in den verschiedensten Ausführungen, z. B. Federscheiben-, (Metall-)Balg-, (Feder-)Steg-, Kreuzscheiben- (Oldham-) oder Doppelschlaufenkupplung oder in doppelkardanischem Aufbau (Abb. 4.4).

Wellenkupplungen brauchen keine statischen axialen Montagetoleranzen auszugleichen, sondern solchen Versatz, der sich durch Längenausdehnungen über Temperatur ergibt, sowie angularen und lateralen Versatz. Nachteilig bei Wellenkupplungen ist deren axiale Baulänge. Diese muss in der Anwendungs-

Abb. 4.4 Bauformen von Wellenkupplungen: von links nach rechts – Federscheiben-, Metallbalg-, Steg- und Doppelschlaufenkupplung (Quelle: SICK STEGMANN GmbH)

konstruktion ebenso beachtet werden wie für die Montage. Bei dynamischen Anwendungen muss deren Eignung kritisch geprüft werden. Speziell die Torsionssteifigkeit gilt es im Zusammenhang mit den sich ergebenden Momenten zu beachten. Der sich aus dieser Wertepaarung ergebende Winkelfehler wird an einem Beispiel näher betrachtet:

Beispiel

Ein Drehgeber hat folgende Trägheitsmomente:

Anlaufmoment $\qquad\qquad T_A = 0,5\,Ncm$
Betriebsdrehmoment $\qquad T_B = 0,3\,Ncm$

Eine exemplarische Metallbalgkupplung hat die Torsionssteife:

$$C_T = 1.500\,\frac{Nm}{rad}$$

Mit dieser Komponentenpaarung ergibt sich ein Winkelfehler, φ_A, beim Anlauf einer Welle von:

$$\varphi_A = \frac{180}{\pi} \cdot \frac{T_A}{C_T} = \frac{180}{\pi} \cdot \frac{5\,mNm}{750\,\frac{Nm}{rad}} = 0,00038\,rad = 1,38''$$

und ein maximaler Winkelfehler bei drehender Welle von:

$$\varphi_B = \frac{180}{\pi} \cdot \frac{T_B}{C_T} = \frac{180}{\pi} \cdot \frac{0,003\,Nm}{750\,\frac{Nm}{rad}} = 0,00023\,rad = 0,83''$$

Für Präzisionsanwendungen ist diese Paarung nur mit Einschränkungen zu verwenden.

Statorkupplungen werden typischerweise als Federparallelogramm ausgestaltet und kompensieren laterale und axiale Bewegungen der Antriebswelle, sind jedoch

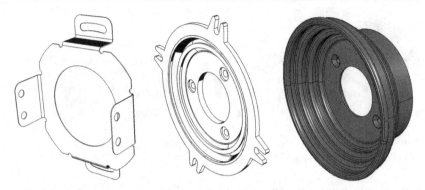

Abb. 4.5 Beispiele für Statorkupplungen: von links nach rechts – Federblechstütze, kombinierte Metall-Gummi-Kupplung, Gummimonmentenstütze (Quelle: in Anlehnung an SICK STEGMANN GmbH)

gleichzeitig torsionssteif. Auch werden eine Exzentrizität sowie Winkelfluchtungsfehler der Wellen des Antriebs- und des Messsystems ausgeglichen. Die Montage der Drehgeber ist vereinfacht, da neben der Welle lediglich die Statorkupplung mittels Schrauben mit dem Stator der Anwendung verbunden werden muss. Weitere Ausführungen von Statorkupplungen basierend auf Stanz-Biegeblechen (Abb. 4.5), Gummiabstützungen oder einfachen Federarmen.

Kupplungselemente werden meist aus metallischen Werkstoffen hergestellt. Bei den Statorkupplungen kommen, z. B. Federstahl oder bei den Wellenkupplungen, z. B. Edelstahl oder Aluminium zum Einsatz. Kunststoffe bzw. Kunststoffelemente werden überwiegend für Wellenkupplungen, gelegentlich auch für Statorkupplungen eingesetzt. Diese werden aus Elastomeren (z. B. Gummi), Thermoplasten oder Faserverbundwerkstoffen hergestellt. Diese weisen auch eine gewisse Dämpfung auf, die in manchen Anwendungen von Vorteil sein kann.

Neben den Kriterien Bauraum und Montage entscheidet man sich für einen Kupplungstyp anhand der Dynamik (Beschleunigungsszenarien) der Anwendung. So werden bei dynamischen Antrieben die Wellen bevorzugt starr verbunden und eine Drehmomentenstütze als Statorkupplung eingesetzt.

4.2.3   Multiturn Module

4.2.3.1   Allgemeines zu Multiturn Drehgebern
Für viele Anwendungen reicht ein Absolutgeber mit einem Messbereich von einer Umdrehung nicht aus. Ein Beispiel aus dem Alltag ist die mechanische Uhr. Stünde nur die Information eines Zeigers zur Verfügung, wäre dies wenig hilfreich. Erst

durch die Aufteilung in Sekunden-, Minuten- und Stundenzeiger steht die ge-
wünschte Information über die Zeit eines halben Tages zur Verfügung. Dabei sind
die Zeiger über Untersetzungsgetriebe miteinander verbunden – vom Sekunden-
zeiger zum Minutenzeiger mit 60:1 und vom Minuten- zum Stundenzeiger wiede-
rum mit 60:1. Im industriellen Bereich ist das klassische Beispiel das einer rotativen
Achse, die über eine Spindel eine lineare Bewegung durchführt. Wird die rotative
Achse nur mit einem Singleturn Drehgeber erfasst, hat man einen linearen
Messbereich der sich aus der Spindelsteigung ergibt. Wird über einen Multiturn-
Drehgeber die rotative Bewegung erfasst, ergibt sich ein Messbereich über mehrere
Spindelsteigungen hinweg, idealerweise über den gesamten linearen Verfahrbereich.

Zur Umsetzung der Multiturn-Funktion bedarf es eines Speichers, der insbesondere im stromlosen Zustand aktiv ist. Während des bestromten Zustands
kann eine Multiturn-Information dadurch gewonnen werden, dass Umdrehungen
über eine Steuerung oder den Drehgeber selbst, gezählt werden. Problematisch
ist es, wenn die Anlage bzw. der Drehgeber von der Spannungsversorgung getrennt wird und beim Einschalten sofort die absolute Information über mehrere
Umdrehungen hinweg zur Verfügung stehen muss. Gemäß dem Grundsatz bei
Singleturn-Absolutgebern gilt auch hier die Annahme, dass sich die Achse
während des stromlosen Zustands bewegt hat, bzw. die Umdrehungsinformation
aus anderen Gründen nicht mehr gültig ist. Beim Einschalten liest der Drehgeber
die Multiturn-Information aus dem Speicher und verknüpft diese mit der
Singleturn-Information zu einem Multiturn-Wort.

Mehr oder wenig weit verbreitet sind drei verschiedene Technologien um den
Speicher zu realisieren. In Europa und den Amerikas wird überwiegend ein mechanischer Speicher basierend auf einem Getriebemechanismus eingesetzt (vgl.
mechanische Uhr). Im asiatischen Raum wird traditionell mit batteriegestützen
Technologien gearbeitet. Recht neu auf dem Markt sind Ansätze, die auf dem sogenannten „Energy Harvesting" („Ernten" von Energie) basieren. Diese drei Ansätze werden im Folgenden näher beschrieben. Weitere Technologien, wie
Reedkontakte oder sogenannte Domänenzähler ([1, 2]; vgl. Abschn. 3.2.4) werden entweder nicht mehr oder noch nicht in der Breite eingesetzt.

Davor sei noch auf eine Unterscheidung der Ansätze hingewiesen. Getriebe-
basierende Multiturn-Drehgeber sind absolut kodiert, d. h. zu jeder Zeit kann eine
Absolutposition gebildet werden, ohne dass das System auf Informationen aus der
Vergangenheit angewiesen ist. Demgegenüber realisiert man mit den anderen
Technologien zählende Systeme. Diese werden einmalig initialisiert um von dem
Referenzpunkt aus umdrehungszählend weiter zu arbeiten. Bei zählenden Syste-
men besteht immer die Gefahr, dass es zu Zählfehlern kommt, die nur durch eine
Neuinitialisierung korrigiert werden können. Allerdings sind die jeweiligen

Technologien sehr weit fortgeschritten, so dass die Zählfehlerwahrscheinlichkeit sehr gering ist. Absolut kodierte Systeme haben dieses Problem nicht.

4.2.3.2 Getriebebasierter Multiturn

Kern eines getriebebasierten Multiturns ist ein an der Drehgeberwelle angekoppeltes Untersetzungsgetriebe. Wie in Abb. 4.6 graphisch für einen Multiturn dargestellt, wird die Getriebebaugruppe so ausgelegt, dass sich an verschiedenen Stufen im Getriebe ganzzahlige Untersetzungsverhältnisse ergeben. An den entsprechenden Zahnrädern wird ein Singleturn-Sensorsystem angeordnet. Als de facto Standard hat sich ein getriebebasierter Multiturn mit einem Messbereich von 4096 Umdrehungen etabliert ($= 2^{12}$). Allerdings ist es bisher nicht möglich dieses Untersetzungsverhältnis mit nur einer Stufe zu realisieren, so dass der Messbereich durch die Kaskadierung mehrerer, gleichartiger Stufen erreicht wird. Waren bis vor einigen Jahren vier 8:1 Stufen üblich ($8^4 = 4096$), so ist es durch den Fortschritt in der Sensorik heute möglich dies mit drei Stufen von 16:1 umzusetzen ($16^3 = 4096$). Ist das Ende des Messbereichs erreicht, so kommt es zu einem Überlauf im Absolutcode, gerade so, wie bei einem absoluten Singleturn nach einer Umdrehung.

Beispiel

Auch wenn sich ein Messbereich von 4096 gering anhört, so muss ein Antrieb mit 12000 UPM doch über 20 Sekunden in eine Richtung drehen um den gesamten Messbereich zu durchfahren.

Als Sensorik kommen bevorzugt optische und magnetische Funktionsprinzipien zum Einsatz. Beim optischen Multiturn werden absolut-kodierte Miniatur-Codescheiben auf den entsprechenden Zahnrädern aufgebracht und dort abgetastet. Bei den magnetischen Multiturn Realisierungen (Abb. 4.7) befinden sich entsprechend Magnete auf den Zahnrädern, die mit Magnetfeldsensoren erfasst werden.

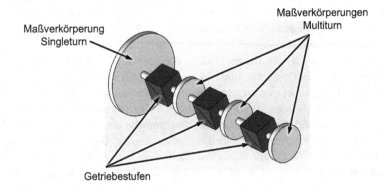

Abb. 4.6 Schematische Darstellung eines getriebebasierten Multiturns

Drehgeberwelle
mit Abtriebszahnrad

Leiterplatte

Hall-Sensoren

Getrieberäder
mit Magnet

Abb. 4.7 schematisierte Darstellung eines magnetischen Multiturns (Quelle: in Anlehnung an SICK STEGMANN GmbH)

Die Getriebe bestehen meist aus geradverzahnten Zahnrädern. Die Ankopplung der Getriebebaugruppe an die Drehgeberwelle wird oft ebenfalls über ein geradverzahntes Zahnrad realisiert, alternativ über eine Schneckenrad-Verbindung. Dies ist dann sinnvoll, wenn der Bauraum für das Getriebe begrenzt ist. Durch ein kleines Abtriebszahnrad und ein ungünstiges Übersetzungsverhältnis könnte die Umlaufgeschwindigkeit für die erste Getriebestufe zu hoch werden. Diese Fragestellung ergibt sich nicht nur bei Drehgebern kleiner Bauform, sondern auch bei größeren Drehgebern mit großen Hohlwellen. Die Getrieberäder werden direkt auf einfache Getriebestifte aufgesteckt (vgl. Gleitlager). Alternativ werden das Abtriebszahnrad bzw. die ersten Getriebestufen mit Miniatur-Wälzlagern versehen.

Neben der kaskadierten Realisierung des Getriebes, die eben beschrieben wurde, gibt es alternativ eine Nonius-Konfiguration (Abb. 4.8). Hierbei wird nicht ein Getriebezug realisiert, sondern die Drehgeberwelle treibt (im einfachsten Fall) zwei unabhängige Zahnräder mit geringfügig unterschiedlicher Zahnteilung an. Die Messwerte werden analog zu einem Singleturn-Nonius-System verrechnet (Abschn. 2.4.2). Auch wenn der mechanische, sensorische und elektronische Aufwand bei dieser Multiturn Version deutlich geringer ist als bei der kaskadierten, so lassen sich nur kleine Messbereiche realisieren.

4.2.3.3 Batterie-gepufferter Multiturn

Batterie-gepufferte Drehgeber sind prinzipiell gleich aufgebaut wie ein Singleturn-Drehgeber. Ergänzt wird dieser durch einen elektrischen Energiespeicher und eine Energiemanagement-Schaltung. Der Energiespeicher ist meist eine Batterie. Alternativ, kann auch ein Akkumulator oder ein anderer Energiespeicher mit hoher

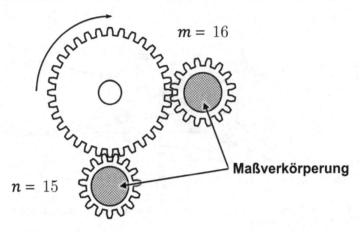

$m = 16$

$n = 15$

Maßverkörperung

Abb. 4.8 Multiturn mit Nonius-Codierung

elektrischer Kapazität, z. B. ein Super-Kondensator eingesetzt werden. Dann muss die Energiemanagement-Schaltung noch durch eine Ladeschaltung ergänzt werden. Das Konzept an sich wird für den Einsatz von Batterien beschrieben.

Erkennt die Energiemanagement-Schaltung, dass die Hauptversorgung vom Drehgeber getrennt wurde, schaltet sie auf Batterieversorgung um. In diesem Zustand wird die Drehgeber-Sensorik nicht permanent betrieben, sondern in zeitlich definierten Intervallen und mit möglichst wenigen Verbrauchern. Ist die Schaltung aktiv tastet sie die Sensorik ab und vergleicht den Messwert mit dem aus dem vorigen Messvorgang. Hat sich eine Positionsänderung größer einem vorgegebenen Schwellwert ergeben, so wird diese verarbeitet. Auf diese Weise wird eine Bewegung der Welle über mehrere Codesegmente bzw. mehrere Umdrehungen nachgeführt.

Der Energiespeicher wird nur belastet, während des aktiven Zustands des Messintervalls. Ziel in der Umsetzung ist eine möglichst hohe Lebensdauer der Drehgeberbatterie zu erreichen. Relevant sind hier die Dauer der aktiven Messphase und die des Messintervalls. Die Dauer der Messphase definiert sich aus der Sensorik, der Signalverarbeitung (z. B. Filter) und des Speichermanagements. Das Messintervall ergibt sich aus der maximal zulässigen Drehzahl im spannungslosen Zustand und dem zu beobachtende Messbereich. Je höher die Drehzahl und je kleiner der relevante Messbereich der batteriegepufferten Sensorik sind, desto kürzer muss das Messintervall gewählt werden. Einige Umsetzungen orientieren sich nicht ausschließlich an der maximal zulässigen Drehzahl sondern adaptieren das Messintervall an die tatsächliche Drehzahl der Welle.

Die zugrundeliegende Sensorik kann grundsätzlich auf allen in Kap. 3 beschriebenen Funktionsprinzipien basieren. Gelegentlich wird die eigentliche Singleturn-Sensorik verwendet. Diese muss dann, in der Zeit in der keine externe Energieversorgung steht in einem speziellen Energiesparmodus betreibbar sein. Effektiver ist aber der Einsatz eines dedizierten Moduls. Nur dieses wird im spannungslosen Zustand von der Batterie versorgt und kann in Hinblick auf Auswertegeschwindigkeit, Energiebedarf und Messbereich optimiert werden.

Eine spannende Frage ist immer die nach dem Ort des Energiespeichers. Wird die Batterie mit im Drehgeber verbaut, so muss diese allen Betriebsbedingungen denen der Drehgeber ausgesetzt ist, standhalten. Dies ist insbesondere bei Motor-Feedback-Systemen, speziell aufgrund des hohen Temperaturbereichs kritisch (sehr niedrige bis sehr hohe Betriebstemperatur; Abschn. 5.3). Wird die Batterie an der Steuerung platziert so sind zusätzliche Leitungen für die Hilfsversorgung einzusetzen. Neben dem zusätzlichen Aufwand sind Leitungsverluste zu beachten, welche die Batterielebensdauer reduzieren. Typischerweise gehen Anwender nicht davon aus, dass die Batterie während der Lebensphase des Drehgebers gewechselt wird. Speziell wenn die Batterie im Drehgeber verbaut ist, würde ein Batteriewechsel zu hohen Servicekosten führen. Somit muss das System für mehrere Jahre Betriebszeit ausgelegt werden.

4.2.3.4 Energy Harvesting basierter Multiturn

Unter Energy Harvesting versteht man den Ansatz, elektrische Energie aus der Umgebungsenergie zu gewinnen (ernten). Auf dieser Basis lassen sich Systeme realisieren, die ohne Batterie (alternativ Super-Kondensatoren) oder leitungsgebundene Energieversorgung arbeiten. Beispiele für Energy Harvesting Energiewandler sind elektromagnetische Wandler (bewegte Magnete induzieren Strom in einer Spule), Piezogeneratoren (Kräfte an Kristallen erzeugen elektrische Energie), Thermogeneratoren (Nutzung von Wärmeunterschieden) oder Photovoltaikzellen (Lichtenergie wird in elektrische gewandelt).

Prominentestes Beispiel für den Einsatz von Energy Harvesting im Zusammenhang mit Multiturn Drehgebern ist eines, das auf dem elektromagnetischen Prinzip des Wiegand-Drahts basiert (Abschn. 3.2.4). Der entsprechende Sensor wird als Wiegand-Sensor bezeichnet.

Zur Nutzung des Wiegand-Effekts in einem Drehgeber wird ein Permanentmagnet auf die Drehgeberwelle montiert. Der Wiegand-Sensor (Baugruppe aus Wiegand-Draht und Spule) wird so angebracht, dass sich durch Drehung des Magneten am Sensor ein magnetisch sich änderndes Feld ergibt. Die vom Wiegand-Sensor induzierte elektrische Energie wird mit einem Kondensator gespeichert. Die nachfolgende Sensorschaltung ist so ausgelegt, dass solange die Energie verfügbar ist der Zählerstand eines elektronischen Speichers abhängig von der Zählrichtung inkrementiert oder dekrementiert wird. Da anhand der Wiegand-Sensorik an sich die Drehrichtung der Drehgeberwelle nicht erkannt werden kann, wird dem System ein zusätzlicher Magnetsensor (meist ein Hall-Sensor) hinzugefügt, der diese Funktion erfüllt. Als elektronischer Speicher wird ein FRAM (engl.: „ferroelectric random access memory") verwendet, der sehr wenig Energie für Schreib- und Lesevorgänge benötigt, Schreibzugriff auf einzelne Speicherstellen erlaubt und nicht-flüchtig ist. Eine dedizierte Schaltung steuert die Vorgänge. Sobald durch den Induktionspuls Energie anliegt, erfasst die Schaltung den Zustand des Hall-Sensors, liest einen Zählwert aus dem Speicher und schreibt einen neuen Zählerstand zurück – alles solange elektrische Energie zur Verfügung steht. Dies alles geht autonom und autark vor sich. Wird die Drehgeberschaltung mit externer Spannung versorgt, so kann sie auf den Zählerstand des FRAM zugreifen und eine absolute Multiturn-Position bilden. Abb. 4.9 zeigt einen Wiegand-Sensor in einem schematischen Aufbau zur Verwendung des Prinzips in einem Drehgeber. Beim Drehgeberaufbau erkennt man die Schutzhaube über dem Wiegand-Sensor. Diese ist notwendig, um das System vor störenden externen Magnetfeldern zu schützen. Das System ist nicht in der Lage zu unterscheiden, ob Zählimpulse durch Drehgeberbewegungen oder durch Störfelder generiert wurden.

Alternativ kann man mehrere Magnete in wechselnder magnetischer Polung an einer Codescheibe anbringen. Auf diese Weise werden nicht explizit Umdrehungen gezählt, sondern Segmente. Dabei kann die Codierung innerhalb der Segmente identisch sein. Auf diese Weise weist man jedem Segment quasi eine Zählkennung zu und kann so ebenso einen Multiturn-Absolutgeber realisieren. Diese Konfiguration bietet sich speziell bei Drehgebern großer Bauform an (Abb. 4.10).

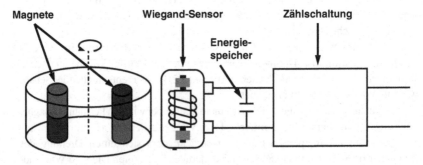

Abb. 4.9 Wiegand-Effekt-Sensor mit magnetischer Massverkörperung, Wiegand-Sensor, Energiespeicher und Auswerte-Zählschaltung

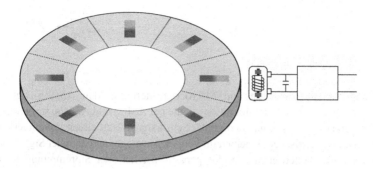

Abb. 4.10 Wiegand-Sensor zur Abtastung einer großen Hohlwelle

4.2.4 Sensorelektronik und Signalverarbeitung

Elektronische Komponenten finden sich in allen Drehgebern außer den elektromechanischen Resolvern (Sensorelektronik ist ausgelagert; Abschn. 3.3.1) und den
meisten resistiv-potentiometrischen Systemen. Neben der Sensorelektronik finden
sich in mechatronischen Drehgebern auch Softwarekomponenten für die Signalverarbeitung. Abb. 4.11 zeigt den typischen Signalfluss eines Sensors.

Sensorelemente liefern zeit- und amplitudenkontinuierliche Informationen. In
Drehgebern sind das, je nach verwendetem sensorischem Wirkprinzip elektrische
Ströme, Spannungen oder Ladungen, also analoge Signale. Diese Signale haben
elektrische Eigenschaften die anhand der Parameter Amplitude, Offset, Phase,
Bandbreite, Rauschen, usw. beschrieben werden. Für die weitere Verarbeitung
müssen die Sensorsignale in genau diesen Parametern an die folgende Signalver-
arbeitung angepasst werden. Diese Signalkonditionierung wird mittels analoger
Verstärker- und Filterschaltungen umgesetzt.

Für Drehgeber, die die Winkelinformation als Sinus-Cosinus-Signal oder in Form
einer Strom- oder Spannungsschnittstelle am Stecker bereitstellen, kann die weitere
Signalverarbeitung rein analog erfolgen. Weitere Verstärker- und Filterschaltungen
passen die Sensorsignale an die Vorgaben der elektrischen Schnittstelle an.

Die Digitalisierung hat inzwischen auch in der Welt der Drehgeber Einzug
gehalten. Steuerungen arbeiten überwiegend und bevorzugt rein digital. Entsprechend werden Sensorsignale digitalisiert und gemäß der Standards der digitalen, elektrischen Schnittstelle umgewandelt. Dabei verschiebt sich durch die
Entwicklungen im Bereich der digitalen Signalverarbeitung der Übergang von
der analogen in die digitale Welt immer mehr hin zum eigentlichen Sensorelement. Dank der fortschreitenden Verfügbarkeit und Wirtschaftlichkeit von

Abb. 4.11 Signalflussdiagramm

digitalen Signalprozessoren und Mikrocontrollern bei den Analog-Digital-Wandlern und der höheren Integrationsdichte bei ASICs und ASSPs, steigen der Umfang und die Komplexität an digitaler Sensorsignalverarbeitung kontinuierlich an. Neben den klassischen Aspekten im Vergleich analoger und digitaler Signalverarbeitung, wie Bauteiltoleranzen, Temperatursensivität oder Störempfindlichkeit sticht sicher der Mehrwert digitaler Signalverarbeitung hervor. Filtermechanismen sind stark vereinfacht und unabhängig von Umweltbedingungen. Auch werden Funktionen erst durch die Verwendung digitaler Ansätze ermöglicht. So kann im Digitalbereich direkt eine Winkelinterpolation vorgenommen, die Winkelinformation durch kalibrieren oder linearisieren in der Genauigkeit verbessert werden oder können Drifteffekte kompensiert werden. Außerdem sind neue Algorithmen zur Umsetzung der Sensorsignale in Winkel-relevante Informationen möglich (z. B. schnelle Fourier Transformation) oder es lassen sich neue Mechanismen für die Aufwertung der Signale realisieren (z. B. adaptive Filter). Teil der software-technischen Funktionen ist auch die Verknüpfung von Singleturn- und Multiturn-Information in eine Positionsinformation. Neben den eigentlichen sensorischen Funktionen ermöglicht Software auch die Einführung von Mehrwertfunktionen. Mehr dazu in Abschn. 5.1.3.

Zurück zu den Drehgebern welche die Winkelinformation als analoge Signale zur Verfügung stellen. Auch in dieser Kategorie wird auf digitale Signalverarbeitung aufgrund ihrer Vorteile gesetzt. Sind die Sensorsignale im digitalen Bereich verarbeitet worden, werden sie durch entsprechende Digital-Analog-Wandler wieder in den Analogbereich umgesetzt. Dabei ist der zusätzliche Einsatz von Rekonstruktionsfiltern sinnvoll. In der Dimensionierung dieser Tiefpassfilter ist darauf zu achten, dass diese in der Bandbreite und der eingeführten Latenz (vgl. Abschn. 5.3.1) den Anforderungen der Anwendung entsprechen.

Eine gesonderte Betrachtung ist für Inkrementaldrehgeber mit digitalen Signalen notwendig. Liefert die Sensorik bereits sinusförmige Signale mit der entsprechenden Auflösung besteht die Signalverarbeitung, neben den genannten Verstärker- und Filterschaltungen im Wesentlichen aus einer Komparatorschaltung. Werden die Inkrementalsignale allerdings aus einer interpolierten Winlkelinformation abgeleitet, kann dies negativen Einfluss auf den Jitter haben, einen typischen Qualitätsparameter für Inkrementaldrehgeber, besonders für die Geschwindigkeitsregelung (vgl. Abschn. 5.2.1).

Steht die Winkelinformation zur Verfügung, in welchem Format auch immer, wird diese für die Übertragung über die elektrische Schnittstelle mittels Treiberschaltungen weiter aufbereitet. Details für die Treiberschaltung ergeben sich dabei aus dem Standard oder der Konvention der elektrischen Schnittstelle (vgl. Abschn. 4.3.2). Für die meisten Varianten können dabei Standardkomponenten verwendet werden. Die Treiberschaltung muss dabei auf teilweise große Übertragungsstrecken und hohe Signalintegrität ausgelegt sein.

Neben der Elektronik für die eigentliche sensorische Funktion und Signalübertragung sind Komponenten für die Spannungsregelung und für die Erhöhung der elektro-magnetischen Verträglichkeit (EMV) notwendig. Elemente zur Benutzerinteraktion, wie Bedien- (z. B. Drehschalter) und Anzeigeelemente (z. B. LED-Anzeige) finden sich eher selten, vorzugsweise in Encodern mit Feldbusanbindung.

4.3 Mechanische und elektrische Schnittstellen

4.3.1 Mechanischer Anbau

4.3.1.1 Drehgeberwelle

Für die Anbindung der Drehgeberwelle an die Anwendung, sei es direkt oder mittels einer Wellenkupplung, stehen verschiedene Drehgeberwellenarten und -durchmesser zur Verfügung. Neben Vollwellen gibt es Hohlwellen in Aufsteck- oder Durchsteckversion. Diese Wellenarten sind in Abb. 4.12 schematisch dargestellt. Bei Motor-Feedback-Systemen finden sich auch Konuswellen.

Für die Wellenarten Vollwelle (oder Steckwelle), Aufsteckhohlwelle und Durchsteckhohlwelle gibt es keine Standards, doch aber unterschiedliche Vorzugsdurchmesser im metrischen (6, 8, 10, 12, 14 und 15 mm) und angloamerikanischen Maßsystem (z. B. 1/4", 3/8", 1/2" oder 5/8"). Anwendungen orientieren sich an diesen Maßen. Hierfür gibt es auch passende Wellenkupplungen. Die Wellendurchmesser sind meist als Passung toleriert.

Bei den Konuswellen, die überwiegend bei Motor-Feedback-Systemen zu finden sind, gibt es weder Vorzugsdurchmesser noch einheitliche Werte für das Kegelverhältnis. Kegelverhältnisse zwischen 1:3 und 1:10 sind gängig (Kegelwinkel γ zwischen 9,46° und 2,86°). Ist die Herstellung eines konischen Wellensitzes recht aufwändig, hat die Konuswelle doch einige Vorteile. So ergibt sich bei den angegebenen Kegelverhältnissen eine Selbsthemmung,[1] was dazu führt, dass die

---

[1] Selbsthemmung ergibt sich ungefähr bei $\gamma / 2 < \arctan \mu_H$; Reibungskoeffizient $\mu_H \approx 0.2$ bei der Paarung Stahl auf Stahl.

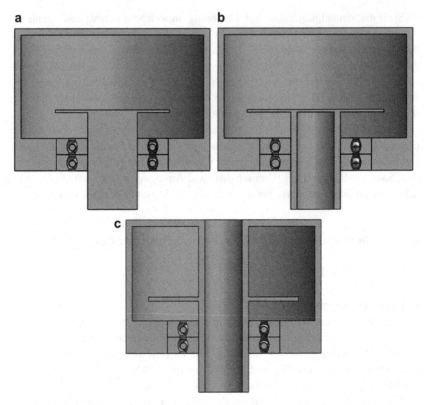

Abb. 4.12 Schnittbilder von Drehgebern mit unterschiedlichen Wellenarten: **a**) Vollwelle, **b**) Aufsteckhohlwelle, **c**) Durchsteckhohlwelle

Verbindung gut für die Übertragung großer Drehmomente geeignet ist. Bei Motor-Feedback-Systemen ist besonders die Eignung für dynamische Lastrichtungswechsel relevant.

Bei den anderen Wellenarten müssen ggf. für die Sicherung der Welle-Naben-verbindung in Drehrichtung zusätzliche Maßnahmen zur formschlüssigen Verbindung vorgesehen werden. Bei Drehgebern kommen dabei Passfederverbindungen oder Polygonprofile (z. B. abgeflachte Welle) zum Einsatz. Relevant ist dies insbesondere bei Drehgebern die Anforderungen der funktionalen Sicherheit erfüllen (vgl. Abschn. 5.1.1).

Als Material für die Drehgeberwelle wird bevorzugt Stahl oder Edelstahl eingesetzt. Kunststoffe eignen sich für gewöhnlich nicht, da diese dazu neigen über die

Zeit und unter der Last der Verbindung zu kriechen, d. h. es kommt zu einer dauerhaften plastischen Verformung.

4.3.1.2 Drehgeberflansch und -gehäuse

Der Drehgeberflansch dient zum Anlegen und Befestigen des Drehgebers an den rotationsstatischen Teil der Anwendung. Es gibt verschiedene mechanische Ausführungen.

Drehgeber mit Servoflansch (auch Synchroflansch) besitzen einen Zentrieransatz, Gewindebohrungen und eine Klemmnut. Über den Zentrieransatz wird der Drehgeber an die Anwendung zentrisch angebracht. Fixiert wird er entweder durch Schrauben (z. B. drei) oder durch Servoklammern (ebenfalls z. B. drei), die über die Klemmnut angebracht werden. Die Klemmflanschausführung ist sehr ähnlich der Servoflanschausführung. Allerdings hat der Zentrieransatz einen etwas kleineren Durchmesser und ist länger. Dadurch bietet er genügend Auflage, dass er am Flansch der Anwendung festgeklemmt werden kann. Alternativ kann auch die Klemmflanschausführung mittels Schrauben (auch z. B. drei) angeschraubt werden. Da Servo- und Klemmflansche eine starre, statorseitige Verbindung darstellen, werden sie mit Vollwellen und Wellenkupplungen kombiniert. Normierte Maße gibt es in diesem Gebiet nicht, so dass selten ein Austausch von Drehgebern unterschiedlicher Hersteller direkt möglich ist (ggf. können Flanschadapter eingesetzt werden). Was aber in der Regel der Fall ist, ist, dass die Durchmesser der Zentrierbünde mit Passungsmaßen versehen sind. Dies unterstützt die Forderung nach einem möglichst zentrischen Anbau des Gebers zur Anwendung. Diese beiden Flancharten findet man überwiegend bei Encodern, den Servoflansch aber auch bei den Resolvern oder in ähnlicher Form auch bei Drehgebern ohne Eigenlagerung (Abb. 4.13).

Da Drehgeber mit Aufsteck- und Durchsteckhohlwellen eine starre Wellenverbindung mit sich bringen, erfüllen deren Flansche eine etwas andere Rolle, als bei den anderen beiden Wellenarten. Sie dienen als Aufnahme für eine Statorkupplung oder integrieren gar die Statorkupplung. Beide Kupplungsarten sind herstellerspezifisch ausgeprägt.

Neben der Funktion der Anbindung des Drehgebers an die Anwendung erfüllt der Flansch weitere Aufgaben. Bei Geräten mit Eigenlagerung sitzen die Lager im Flansch. Auch werden mechanische und elektrische Komponenten an ihm befestigt, allen voran das Gehäuse.

Das Gehäuse schützt den Drehgeber vor unerwünschten Umwelteinflüssen und vor Berührung. Er gewährleistet, in Kombination mit dem Flansch, die IP-Schutzart und erfüllt auch hinsichtlich elektromagnetischer Verträglichkeit (EMV) eine wichtige Funktion. Hergestellt werden sie aus Metall oder Kunststoff, basierend

Abb. 4.13 Schnittbilder von
Drehgebern mit unterschiedlichen Flanscharten:
a) Servoflansch,
b) Klemmflansch

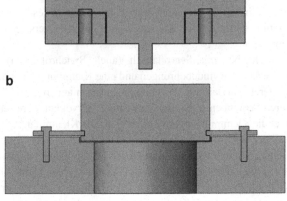

auf unterschiedlichsten Herstellverfahren inklusive Spritzguss, Druckguss oder
Tiefziehen.

Flansche werden aus Aluminium, Stahl oder Edelstahl hergestellt, dabei spa-
nend bearbeitet oder wo sinnvoll und möglich auch als Druckgusskomponente.
Kunststoff findet man auch hier selten aufgrund des Kriechverhaltens.

Neben den genannten Aspekten zur Auswahl der Materialien von Gehäuse,
Flansch (und auch der Welle) spielen anwendungsrelevante Aspekte eine wichtige
Rolle. So gelten bestimmte Regeln für Drehgeber für den Einsatz im Lebensmittel-
bereich oder in explosionsgefährdeten Bereichen.

4.3.2 Elektrische Schnittstellen

4.3.2.1 Elektronische Aspekte

Behandelt Abschn. 4.3.2.2 eher die mechanischen und elektromechanischen
Aspekte der elektrischen Anschlusstechnik für Drehgeber werden an dieser
Stelle die elektrischen gemäß bzw. analog der ersten Schicht des ISO-OSI-Modells[2]
betrachtet. Diese Schicht betrachtet die physikalischen Aspekte einer Daten-

---

[2] ISO-OSI-Modell bezieht sich auf das „Open Systems Interconnection" Referenzmodell der
„International Organization for Standardisation" das eine Schichtenarchitektur für Daten-
kommunikationssysteme beschreibt.

kommunikation und wird in diesem Abschnitt betrachtet. In der Umsetzung gibt es einige Implementierungen die Encoder und Motor-Feedback-Systemen gemeinsam sind. Spezifisches für die Drehgebertypen wird in Abschn. 5.2.2 und Abschn. 5.3.2 erläutert.

Informationen werden zwischen Drehgeber und Steuerung digital oder analog übertragen. Gemeinsam ist beiden Ansätzen oft, dass die Datenübertragung differentiell ausgelegt ist. Das heißt, dass für jedes Signal zwei gleichwertige symmetrische Leitungen vorgesehen sind. Auf der einen Leitung wird das Originalsignal übertragen auf der anderen ein invertiertes oder ein Referenzsignal. Auf diese Weise erreicht man eine hohe Gleichtaktunterdrückung (vgl. Abb. 4.14) und eine hohe mögliche Datenrate. Dies ist im industriellen Umfeld essentiell für eine zuverlässige leitungsgebundene Datenübertragung.

Bei der Übertragung digitaler Signale kommen bei Drehgebern u. a. die in der Industrie häufig eingesetzten RS-422- und RS-485-Standards zum Einsatz. Daneben findet sich die ältere Hochvolt-Transistor-Logik.

RS-422 (auch als EIA-422 bezeichnet) ist ein Standard für eine differentielle Signalübertragung. Es lassen sich Übertragungsstrecken bis zu 1200 m und Datenübertragungsraten bis zu 10 Mbit pro Sekunde umsetzen (allerdings nicht in Kombination). Um die maximale Datenübertragungsrate zu erreichen ist es notwendig an der Leitung einen Abschlusswiderstand vorzusehen dessen Größe sich an der Impedanz der Leitung orientiert (Größenordnung von 120 Ω). Somit fließt ein konstanter Strom (außer bei einem Pegelwechsel). Die Signalpegel dürfen maximal ±6 V betragen und müssen eine Spannungsdifferenz im Bereich von 2 …

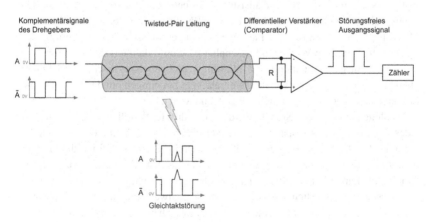

Abb. 4.14 differentielle Datenübertragung

10 V aufweisen. RS-422 wird bei Drehgebern, z. B. für die Übertragung digitaler Inkrementalsignale verwendet.

Eng verwandt mit dem RS-422-Standard ist der RS-485-Standard. Ermöglicht der RS-422 ein Netzwerk von einem Datensender und mehreren Datenempfängern, so ist beim RS-485 ein größeres Netzwerk umsetzbar. Dies kommt aber bei Drehgebern selten zum Tragen. Leitungslängen und maximale Datenübertragungsraten sind vergleichbar mit denen bei RS-422. Da RS-485 einen Widerstand in der Ausgangsstufe eines Datensenders vorschreibt, ist sie kurzschlussfest bei gegensendenden Ausgangsstufen. Somit eignet sich dieser Standard für bidirektionale halb-duplex Verbindungen über ein Adernpaar. Dabei definiert die Protokollebene, wann welcher Teilnehmer Daten senden kann bzw. empfängt. Typischerweise wird die Ausgangsstufe definiert in einen hochohmigen Zustand geschaltet wenn nicht gesendet wird. Auch RS-485 nutzt einen Abschlusswiderstand für die Erhöhung der Datenrate. RS-485 wird u. a. bei Feldbussen wie dem PROFIBUS oder bei einigen Schnittstellen für Motor-Feedback-Systeme für die digitale Datenübertragung (Abschn. 5.3.2) verwendet.

Die Hochvolt-Transistor-Logik (oder „High Threshold Logic", HTL) ist verhältnismäßig alt, wird aber immer noch bei Drehgebern mit digitalen Inkrementalsignalen differentiell oder „single-ended" eingesetzt. Sie arbeitet mit einer Gleichspannungsversorgung bis ca. 32 V, wobei 24 V am gängigsten ist. Die Signalausgangsspannung orientiert sich an der Versorgungsspannung. Es ist ein „push-pull" oder ein „open collector" Betrieb möglich. Im Push-pull-Betrieb schaltet der Ausgangspegel zwischen 0 V und 3 V bzw. der Versorgungsspannung, Vcc, und Vcc − 3,5 V. Die Ausprägung als NPN open-collector basiert auf einer Ausgangsschaltung mit NPN-Transistor. Als open collector bezeichnet man den unbeschalteten Kollektoranschluss eines NPN-Transistors, dessen Emitter auf Masse liegt und dessen Kollektor am Ausgang angeschlossen ist der steuerungsseitig mit einem Pull-up Widerstand beschaltet ist. Somit definiert die Steuerung die maximale Ausgangsspannung, die allerdings drehgeberspezifische Werte nicht überschreiten darf. Die maximale Datenrate liegt bei einigen hundert kHz und die Leitungslänge beträgt bis zu mehrere Dutzend Meter.

Analoge sinusförmige Signale werden auch differentiell übertragen. Dabei hat jedes Signal eine Offset-Spannung von typischerweise 2,5 V und eine Amplitude von 0,25 V oder 0,5 V (typische Größen bei Drehgebern). Dabei hat die größere Amplitude den Vorteil des größeren Signal-Rausch-Abstandes. Auch diese Schnittstellenart arbeitet mit recht niederohmigen Abschlusswiderständen. Dies macht es aber erforderlich, dass der gesamte Signalweg eine gute Symmetrie aufweist. Kleine Impedanzunterschiede, speziell zwischen den Sinus- und Cosinussignalen können Offet- oder Amplitudenfehler generieren, die sich negativ auf die

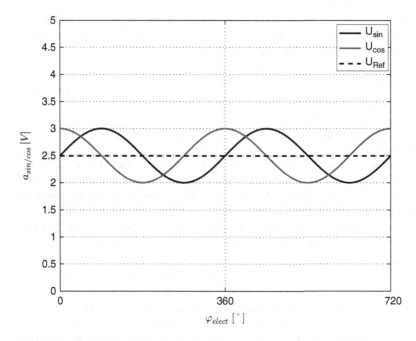

Abb. 4.15 reale Sinussignale bei Drehgebern

nachfolgende Winkelinterpolation auswirken können. Deshalb sind in den Empfehlungen der Drehgeberhersteller Widerstände mit engen Toleranzen spezifiziert
(Abb. 4.15).

Die in der differentiellen Signalführung genutzte Abschlussbeschaltung führt
zu einem relativ großen Strom. Dieser fließt bei digitalen Signalen kontinuierlich
und bei analogen sinusförmigen Signalen positionsabhängig. Um diesen Strom zur
Verfügung stellen zu können müssen Leistungstreiber eingesetzt werden.

Es wurde schon erwähnt, dass zur Unterdrückung elektromagnetischer Störungen Maßnahmen getroffen werden müssen. Die Nutzung symmetrischer, differen-
tieller Signalführung mit verdrillten Aderpaaren (engl.: „twisted pair") ist dabei
eine etablierte. Daneben werden die Leitungen auch mit einer Schirmung versehen.
Ein Drahtgeflecht wird um die zu schützenden Leitungen gelegt und mit Erde verbunden. Es gibt auch Drehgeber mit galvanisch getrennten Signalleitungen.

Verbleibende Störungen können durch eine Filterschaltung am Signaleingang
weiter reduziert werden. Diese Maßnahme ist insbesondere bei den analogen Signalen sinnvoll. Tiefpassfilter reduzieren hochfrequentes Rauschen und Störungen.

Dabei orientiert sich die Wahl der Grenzfrequenz an der Frequenz der Signale. Bei sinusförmigen Signalen definiert sich die maximale Signalübertragungsfrequenz an der Drehzahl und der Anzahl Perioden pro Umdrehung:

$$f_{Signal} = PPR \cdot \frac{n}{60\,\dfrac{s}{min}} \tag{4.4}$$

(f_{Signal}: Signalfrequenz in $[Hz]$; PPR: Perioden pro Umdrehung; n: Drehzahl in $[1/min]$)

Bei der Auslegung des Filters ist nicht nur drehgeberseitig (Abschn. 4.2.4) sondern auch steuerungsseitig auf die Latenz zu achten (Abschn. 5.3.1). Da Steuerungen meist unterschiedliche Drehgeber bedienen können, können auch solche mit unterschiedlicher Anzahl Perioden pro Umdrehung angeschlossen werden. Dabei wird selten eine auf die jeweilige Periodenzahl anpassbare Bandbreite der Tiefpass-Filterschaltung vorgesehen, sondern es wird die Bandbreite benötigt, die das System mit der höchsten Periodenzahl bei maximaler Drehzahl vorschreibt. Somit werden Störungen bei Drehgebern mit kleiner Periodenzahl schlechter unterdrückt als bei denen mit der maximal vorgesehenen, da die Grenzfrequenz deutlich über der liegt, die für diese Konfiguration nötig bzw. sinnvoll wäre. Aber gerade bei kleiner PPR-Zahl wirken sich die Störungen stärker aus!

Die Spannungsversorgung für Drehgeber variiert relativ stark zwischen Herstellern und Drehgebertyp. Dies trifft vor allem auf Geräte zu, die keine standardisierten Schnittstellen, wie Feldbusse nutzen. Beim Design-in ist deshalb immer das Drehgeberdatenblatt zu beachten. Trotzdem lässt sich oft eine Schnittstellenschaltung für viele gleichartige Drehgeber vieler Hersteller verwenden, da der Versorgungsspannungsbereich recht groß ausgeführt ist. Die Leistungsaufnahme wird im Wesentlichen von der verwendeten Sensorik und der elektrischen Schnittstelle definiert. So weisen induktive Systeme typischerweise eine höhere Leistungsaufnahme auf als die anderen Sensorarten. Bei den Schnittstellen sind die Drehgeber mit Feldbuskommunikation diejenigen, die im Vergleich mit Drehgebern mit anderen Schnittstellen einen hohen Bedarf an elektrischer Leistung haben. Hier kann die Leistungsaufnahme mehrere Watt betragen. Aufgrund des hohen Stromes der fließen kann, kommt es bei langen Leitungen zu einem nicht zu vernachlässigenden Spannungsabfall. Dieser darf nicht dazu führen, dass die minimale Versorgungsspannung am Drehgeber unterschritten wird. Aus diesem Grund verfügen einige Drehgeber mit schmalem Versorgungstoleranzband (z. B. 5 V ± 5 %) über sogenannte Sense-Leitungen. Diese dienen dazu den Spannungsabfall über das Verbindungskabel der Steuerung mitzuteilen. Einige Drehgeber verfügen über einen Verpolungsschutz für die Versorgungsspannungsleitungen und Kurzschlussfestigkeit für Ausgangssignale.

4.3.2.2 Elektromechanische und mechanische Aspekte

Mittels der elektrischen Schnittstelle wird die Winkelposition vom Drehgeber der entsprechenden Ausleseeinheit zur Verfügung gestellt. Dabei sind mehrere Aspekte relevant. In diesem Kapitel werden eher allgemeingültige, anbau- und installationsbedingte Aspekte erläutert. Details zu den elektrischen Schnittstellen hinsichtlich elektrischer Spezifikation und Protokoll sind geräte- und anwendungsspezifisch und werden in Kap. 5 näher behandelt.

Drehgeber werden auf verschiedene Arten elektromechanisch angeschlossen. Sie haben Stecker für Kabel oder Litzensätze oder weisen direkt einen Leitungsabgang auf.

Bei der Anschlusstechnik mit Stecker kommt diesem eine hohe Bedeutung zu. In Industrieanwendungen muss dieser robust und zuverlässig sein. Meist kommen Stecker mit Rund-Schraubsystem zum Einsatz. Hier gibt es verschiedene Kategorien, die sich an der Gewindegröße der Überwurfmutter orientieren. Bei Encodern finden sich M12- und M23-Stecker. Die Anzahl der Anschlüsse im Stecker und der Stecker pro Gerät orientiert sich am Typ des Drehgebers und des Kommunikationsstandards. So gibt es z. B. Inkrementaldrehgeber mit 12-poligem M23-Stecker oder absolute Drehgeber mit EtherNet/IP-Schnittstelle mit drei 4-poligen M12-Steckern. Die Pinbelegung ist nur bei einigen Kommunikationsstandards, insbesondere den Feldbussen, definiert. Aspekte der Installation eines Drehgebers in einer Anlage haben Einfluss darauf, wie der Stecker am Gehäuse des Drehgebers angeordnet ist. Entsprechend gibt es Ausführungen bei denen der Stecker am Gehäuseende angeordnet ist. Das angesteckte Kabel wird axial vom Drehgeber weg geführt. Dies verlängert die axiale Baugröße des Geräts, seine runde Bauform bleibt aber erhalten. In einer anderen Version ist der Steckerabgang seitlich vom Gehäuse. Das Kabel wird in radialer Richtung vom Drehgeber weggeführt. Somit bleibt die Länge des Drehgebers minimal, es geht aber die runde Bauform verloren. Drehbare Stecker bieten eine höhere Flexibilität. Bei Motor-Feedback-Systemen die in Motoren eingebaut werden, wird oft so vorgegangen, dass der robuste Stecker am Motor selbst angebracht ist und die Verbindung zwischen Motorenstecker und Drehgeber über einen Litzensatz realisiert wird. Dabei ist der Stecker am Geber herstellertypisch und erfüllt geringere Anforderungen als der Hauptstecker erfüllen muss.

Bei Drehgebern mit Leitungsabgang wird ein Kabel direkt und unlösbar im Gerät angeschlossen. Der Leitungsabgang ist ebenfalls axial oder radial ausgeführt. Inzwischen gibt es aber auch Geräte bei denen das Kabel durch konstruktive Maßnahmen freier abgeführt werden kann, also auch radial oder axial. Das Kabel hat eine vordefinierte Länge (z. B. 0,5 m, 1,5 m 3,0 m, 5,0 m oder 10 m). Manche Hersteller bieten aber auch kundenspezifischen Längen an. Steuerungsseitig sind die Kabel ohne Stecker oder konfektioniert. Bei konfektionierten Leitungen kommen meist auch wieder Rund-Schraubstecker mit M-Maßen zum Einsatz.

Hinsichtlich der Verkabelung, unabhängig ob als Leitungsabgang oder steckerbehaftet, gibt es mehrere Parameter und Anforderungen zu berücksichtigen. Anzahl und Querschnitt der Litzen, Länge, und Leitungsdurchmesser sind vordringliche Parameter. Weitere Parameter müssen aber auch berücksichtigt werden.

Der Biegeradius definiert die geringste Krümmung, die eine Leitung bei der Verlegung einnehmen darf, ohne dass sich die Leitungseigenschaften ändern. Biegeradien werden in Relation zum Leitungsdurchmesser angegeben. Schleppkettentauglichkeit beschreibt die Fähigkeit, dass die Leitungen in bewegten Anwendungen eingesetzt werden können. Diese Parameter werden insbesondere durch die Wahl des Materials des Kabelaußenmantels definiert. Leitungen mit einem Außenmantel aus PUR (Polyurethan) sind schleppkettentauglich, PVC-Leitungen (Polyvinylchlorid) hingegen nur bedingt oder gar nicht. Bei PUR-Leitungen ist die Anzahl der Biegezyklen meist größer und der Biegeradius kleiner als bei PVC-Leitungen. Neben Anforderungen an die mechanische Belastung der Leitungen definiert die Anwendung Anforderungen nach Öl-, Säure- oder Laugenbeständigkeit und Flammwidrigkeit. Ebenso sind Inhaltsstoffe der Kabel zu berücksichtigen. So dürfen in einigen Industriebereichen keine Kabel mit lackbenetzungsstörenden Substanzen (LABS; Silikone, fluorhaltige Stoffe, bestimmte Öle oder Fette) eingesetzt werden. Bei halogenfreien Kabeln entstehen bei der Verbrennung keine korrosiven oder toxischen Gase, sondern nur Wasserdampf und Kohlendioxid.

In der Auslegung des Drehgebers nach der IP-Schutzart werden auch die Stecker und Kabelabgänge mit berücksichtigt. Insbesondere der Schutz gegen Wassereintritt wird hier maßgeblich beeinflusst.

4.3.3 Aspekte des Drehgeber-Anbaus

Drehgeber haben bevorzugt eine runde Bauform, zumindest für das eigentliche Messgerät. Abweichungen von der runden Form ergeben sich durch den elektrischen Anschluss und ggf. durch die mechanische Anbindung über eine Statorkupplung. Bei den Durchmessern gibt es einige Vorzugsgrößen. So findet man bei den Encodern wie bei den Motor-Feedback-Systemen Durchmesser um die 37 mm, 50 mm oder 60 mm. Größere Geräte sind für Anwendungen mit großen Wellendurchmessern als Hohlwellengeber verfügbar. Kleinere Durchmesser sind eher anwendungs- oder kundenspezifisch. Hinsichtlich der Baulänge gilt meist „je kürzer, desto besser". Richtwerte gibt es hierbei keine. Die Möglichkeiten in der Miniaturisierung sind hinsichtlich Durchmesser und Baulänge nicht nur durch rein mechanisch-konstruktive Aspekte (Lager, Materialstärken, etc.) eingeschränkt sondern auch durch die Anforderungen der sensorischen und elektronischen Module. So wie die Exzentrizität des Modulators relativ zur Drehgeberachse (vgl. Abschn. 2.5.2), so wirkt sich auch eine exzentrische Montage des Drehgebers zur Anwendung negativ auf die Genauigkeit der Kombination aus Drehgeber und Anbau auf das Gesamtsystem aus. Entsprechend sind die Teile der mechanischen Schnittstelle mit Passmaßen versehen und enge Toleranzen für den Anbau angegeben. Ebenso wirkt eine Kippung des Drehgebers relativ zur Drehachse der Anwendung negativ auf die integrale Nichtlinearität des Gesamtsystems aus. Ideale Kupplungselemente gleichen mechanische Effekte aus. In der Praxis bleiben aber Restfehler bestehen. Ideal wäre eine in-situ Kalibrierung. Darunter versteht man eine Kalibrierung des Drehgebers in der Anwendung zur Verbesserung der Genauigkeit auf eine Umdrehung. Solche Verfahren wären aber sehr aufwändig und bedürfen einer Referenz gegen die der Drehgeber und dessen Anbau verglichen werden kann. Ist die Referenz ein anderer Drehgeber, so müsste auch dieser montiert werden.

In der Auslegung einer Anlage mit Drehgeber sind dessen mechanische Eigenschaften zu berücksichtigen. In Anwendungen in denen der Drehgeber in Bewegung ist, ist z. B. dessen Masse relevant. Für die Gesamtmoment-Betrachtung finden sich in Datenblätter der Drehgeber Angaben zu Anlaufmoment, Betriebsmoment und Trägheitsmoment des Rotors. Außerdem sind die maximale Wellenbelastung und Wellenbewegung sowie die maximale Wellenbeschleunigung zu berücksichtigen.

Literatur

1. Hering E, Schönfelder G (Hrsg) (2012) Sensoren in Wissenschaft und Technik – Funktionsweise und Einsatzgebiete. Vieweg+Teubner, Wiesbaden
2. Schiessle E (2010) Industriesensorik – Automation, Messtechnik, Mechatronik. Vogel Buch, Würzburg
3. Schaeffler Technologies GmbH & Co. KG (2014) SCHAEFFLER Technisches Taschenbuch, 2. erw. Aufl. Herzogenaurach
4. Wolf T, Rimpel A, Wöber M (2012) Präzisionskupplungen und Gelenkwellen – Hochgenaue Verbindungselemente für die Antriebstechnik. verlag moderne industrie, München

Drehgeber in der Anwendung

5

Zusammenfassung

Ein Großteil des bisher beschriebenen gilt für die Winkellage- und Drehzahl-erfassung in der industriellen Automation ganz allgemein. Dies trifft auch für die Funktionale Sicherheit und für Mehrwertfunktionen, die über die eigentliche Winkelerfassung hinausgehen, zu. Diese gewinnen aber erst in der Anwendung an Bedeutung und werden deshalb in diesem anwendungsorientierten Kapitel eingeführt. Insbesondere wird aber auf die spezifischen Aufgaben, Anforderungen und Anwendungen von Encodern und Motor-Feedback-Systemen eingegangen. Wichtig ist dabei auch ein Einblick in die jeweils zur Verfügung stehenden elektrischen Schnittstellen.

5.1 Übergeordnete Aspekte

5.1.1 Einordnung

Die vorangegangenen Kapitel haben gezeigt, dass Messaufgabe und der Grund-aufbau von Encodern und Motor-Feedback-Systemen weitestgehend identisch sind. Es ergeben sich jedoch einige Unterschiede in den Details der Spezifikation der Geräte aufgrund der Anwendung und der Integration in diese.

Es war schon mehrfach die Rede davon, dass Drehgeber an eine Steuerung ange-schlossen werden. Für die konkrete Einordnung lohnt sich ein Blick auf die

© Springer Fachmedien Wiesbaden 2016
S. Basler, *Encoder und Motor-Feedback-Systeme*,
DOI 10.1007/978-3-658-12844-9_5

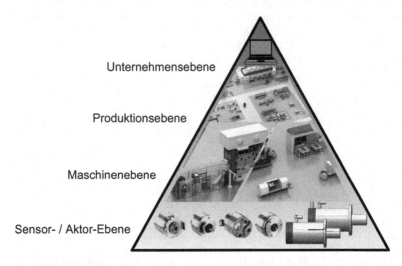

Abb. 5.1 Einordnung der Drehgeber in die Automatisierungspyramide (Quelle: in Anlehnung an SICK STEGMANN GmbH)

Automatisierungspyramide. Diese gibt eine hierarchische Einordnung von Systemen für die industrielle Fertigung. Die Drehgeber finden sich auf der Feldebene (Sensor-/Aktor-Ebene, Abb. 5.1). Der Encoder wird an eine Auswerteeinheit angeschlossen, z. B. eine speicherprogrammierbare Steuerung (SPS; engl. „Programmable Logic Con-troller", PLC). Ein Motor-Feedback-System ist mit einem Frequenzumrichter verbunden (andere Begriffe: Umrichter, ugs.: Regler) der wiederum mit einer SPS bzw. CNC-Steuerung (engl.: „Computerized Numerical Control") kommuniziert.

Durch die primäre Verwendung der beiden Drehgebertypen, Encoder im Maschinen- und Anlagenbau und Motor-Feedback-Systeme im Einsatz mit Elektromotoren, ergeben sich Unterschiede in den Betriebsbedingungen, aber auch in der Verwendung der elektrischen Schnittstellen. In den folgenden beiden Abschnitten wird auf Aspekte eingegangen, die beiden Drehgebertypen gleichermaßen betreffen, die funktionale Sicherheit und die Implementierung von Mehrwertfunktionen moderner Drehgeber. Die anschließenden Kapitel erläutern Spezifika der Drehgebertypen.

5.1.2 Funktionale Sicherheit

Schutzmaßnahmen zur Vermeidung sicherheitskritischer Zustände, die direkt oder indirekt als Ergebnis eine Schädigung von Eigentum, Umwelt, insbesondere aber auch Personen herbeiführen, werden unter dem Begriff der „funktionalen Sicherheit"

zusammengefasst [2–4]. Menschen müssen vor gefährdenden Bewegungen ge-
schützt werden. Kritische Situationen können sich ergeben, wenn z.B. manuelle
Eingriffe in Anlagen und Maschinen notwendig sind z.B. im Störfall oder im
Einrichtbetrieb. Durch den Trend hin zu kollaborativen Systemen, in denen
Menschen und Maschinen (z.B. Roboter) direkt, d.h. ohne trennende Schutzein-
richtungen interagieren, werden entsprechende Schutzmaßnahmen weiter an
Bedeutung gewinnen. Die in diesem Zusammenhang durchzuführenden sicherheits-
technischen Betrachtungen betreffen nicht nur Anlagen und Maschinen sondern
auch Subsysteme aus denen diese gebildet werden. Dies überträgt sich bis auf die
Komponentenebene, somit auch auf Encoder und Motor-Feedback-Systeme.
Welche Subsysteme für eine Maschine zu betrachten sind definiert die Maschinenrichtlinie.

Es gibt eine Fülle von Normen und Richtlinien, die in der Auslegung sicherer
Maschinen zu beachten sind. Im Zusammenhang mit sicherer Bewegung wären die
in Tab. 5.1 zu nennen.

Sicherheitsfunktionen müssen zu jeder Zeit gewährleistet sein und dürfen nicht
durch zufällige oder systematische Fehler zu einer Gefährdung führen. In entsprechenden Risikobetrachtungen wird gefragt, wie oft ein Fehler auftreten und

Tab. 5.1 Normen zur funktionalen Sicherheit

Norm	Bezeichnung	Kommentar
2006/42/EG	Maschinenrichtlinie	
IEC EN 61508	Funktionale Sicherheit sicherheitsbezogener elektrischer, elektronischer, programmierbarer elektronischer Systeme	Basisnorm zur funktionalen Sicherheit, die aus sieben Teilen besteht und aus der sich verschiedene branchenspezifische Normen ableiten
EN ISO 13849	Sicherheit von Maschinen – Sicherheitsbezogene Teile von Steuerungen	
EN 62061	Sicherheit von Maschinen – Funktionale Sicherheit sicherheitsbezogener elektrischer, elektronischer, programmierbarer elektronischer Steuerungssysteme	
EN 61800-5-2	Elektrische Leistungsantriebssysteme mit einstellbarer Drehzahl Teil 5-2: Anforderungen an die Sicherheit – Funktionale Sicherheit	

Tab. 5.2 Kennwerte zur Risikobeurteilung in funktional sicheren Systemen

Kennwert	Bezeichnung (dt.)	Bezeichnung (engl.)
$MTTF_d$	Erwartungswert der mittleren Zeit zum gefährlichen Ausfall	Mean Time To Dangerous Failure
DC_{avg}	Mittelwert des Diagnosedeckungsgrades	Diagnostic Coverage
PFH_d	Wahrscheinlichkeit eines gefahrbringenden Ausfalls pro Stunde	Probability of Dangerous Failure per Hour

welche Auswirkung ein Ausfall haben kann. Daraus ergeben sich die Forderungen nach dem „Safety Integrity Level" (SIL) nach der IEC 62061, dem „SIL Claim Limit" (SILCL) nach IEC 62061 bzw. dem „Performance Level" (PL) nach ISO 13849. Diese regeln die Architektur der Systeme und Subsysteme. Dabei wird insbesondere auf Mehrkanaligkeit und Diagnosefähigkeit Wert gelegt. In der Erfüllung der Forderung werden mehrere Parameter zur Quantifizierung des Risikos ermittelt (Tab. 5.2).

Die sich ergebende Versagenswahrscheinlichkeit einer Sicherheitsfunktion wird in vier oder fünf Stufen (Level) eingeteilt (SIL1 – SIL4, SILCL1 – SILCL4 bzw. PL a – PL e). Je höher die Stufe, desto kleiner die Versagenswahrscheinlichkeit. Für sicherheitsgerichtete Anlagen und Maschinen ist eine behördliche Abnahme erforderlich. Für die Auswahl der Subsysteme erfolgt die Beurteilung der Sicherheitsfunktion gemäß einem sogenannten Risikographen. Damit wird ermittelt, welchen Safety Integrity bzw. Performance Level die Subsysteme für die vorgesehene Systemsicherheitsarchitektur vorzusehen ist. Werden in der Konstruktion Komponenten mit dem erforderlichen SIL-/PL-Level eingesetzt und diese gemäß den Angaben der Betriebsanleitung der Hersteller eingesetzt, vereinfacht sich die Abnahme der Maschine erheblich. Es gilt zu bedenken, dass die Verwendung sicherer Komponenten nicht automatisch zu einer sicheren Gesamtanlage führt. Sie vereinfachen aber die Erarbeitung eines sicheren Maschinenkonzeptes beginnend von der Planung bis hin zur Zertifizierung.

Anwendungen, die generell in den Anwendungsbereich der Maschinenrichtlinie 2006/42/EG fallen, bedürfen einer funktional sicheren Auslegung. Beispielhaft seien genannt die Bühnentechnik, Hängebahnen, Fördersysteme, die Hub-/Aufzugstechnik, der Maschinen- und Anlagenbau, die Automatisierungstechnik, der Fahrzeugbau und Windenergieanlagen. Da sich in diesen Anwendungen etwas bewegt gilt die Maschinenrichtlinie auch für die Antriebstechnik Ein großer Prozentsatz der dabei erforderlichen sicherheitsgerichteten Funktionen, die im Zusammenhang mit Bewegungen stehen, lassen sich mit sicheren Drehgebern mit SIL2 bzw. PL d Zertifizierung erreichen. Seltener sind Geräte mit SIL3/PL e Zertifizierung erforderlich. Diese kommen bei Anlagen zum Tragen, an denen mehrere Achsen eine Sicherheitsfunktion lösen oder z. B. bei Pressen. Der geforderte Sicherheitslevel definiert, ob ein konventioneller Drehgeber ausreicht, ob zwei konventionelle Drehgeber oder ein sicherer Drehgeber eingesetzt werden müssen. Manchmal kann auch mithilfe der Steuerung ein SIL2 Drehgeber zu einer nach SIL3 zertifizierbaren Maschine führen. Bei einem sicheren Drehgeber gibt der Hersteller alle sicherheitsrelevanten Daten in seinem Datenblatt an. Im Zusammenhang mit Drehgebern gibt es mehrere mögliche relevante, integrierte Sicherheitsfunktionen nach EN 61508-5-2 die in Tab. 5.3 aufgelistet sind.

Erreicht werden die Sicherheitsstufen durch entsprechende technische und organisatorische Maßnahmen, die für eine Zertifizierung entsprechend zu dokumentieren sind. Die Beurteilung erfolgt anhand von Stücklisten, Ausfalldaten der Bauteile oder FMEAs (Fehlermöglichkeits- und Einflussanalyse). Es gilt unerkannte, d. h. nicht automatisch erkennbare, gefährliche Fehler zu verstehen, d. h. wie verhält sich das System im Fall eines (Bauteil-)Fehlers und wie wird dieser gegebenenfalls erkannt. Können Fehlerfälle nicht ausgeschlossen werden, so werden mehrere Kanäle (meist zweikanalig) vorgesehen. Somit wird die kritische Funktion redundant ausgelegt, meist mit dem Anspruch nach Diversität (Dinge unterschiedlich tun). Die organisatorischen Maßnahmen beinhalten Unternehmensprozesse die entsprechend gestaltet und dokumentiert werden.

Eine naheliegende Sicherheitsfunktion ist bei Drehgebern durch die regelmäßige Überwachung der Vektorlänge gemäß Gl. 2.3 gegeben. Auch gibt es Fehlerfälle, die vom Drehgeber alleine nicht erkannt werden können. So kann er nicht überwa-

Tab. 5.3 Sicherheitsfunktionen von Antrieben nach EN 61800-5-2 Beispiele

Abk.	Bezeichnung (dt.)	Bezeichnung (engl.)
SOS	Sicherer Betriebshalt	Safe Operating Stop
SLS	Sicher reduzierte Geschwindigkeit	Safely Limited Speed
SS1	Sicherer Stopp 1	Safe Stop 1
SS2	Sicherer Stopp 2	Safe Stop 2
SLA	Sicher begrenzte Beschleunigung	Safely Limited Acceleration
SAR	Sicherer Beschleunigungsbereich	Safe Acceleration Range
SSR	Sicherer Geschwindigkeitsbereich	Safe Speed Range
SDI	Sichere Bewegungsrichtung	Safe Direction
SLI	Sicher begrenztes Schrittmaß	Safely Limited Increment
SLP	Sicher begrenzte Position	Safely Limited Position
STO	Sicher abgeschaltetes Drehmoment	Safe Torque Off
SSM	Sichere Geschwindigkeitsüberwachung	Safe Speed Monitor
SBC	Sichere Bremsenansteuerung	Safe Brake Control

chen, ob die mechanische Anbindung der Sensorik an die angetriebene Welle gegeben ist. Konstruktive Maßnahme wie Formschluss und Überdimensionierung wären eine Abstellmaßnahme. Reicht dies nicht aus, so kann die Antriebssteuerung oder weitere Sensorik mit ins Sicherheitskonzept einbezogen werden. In einem Plausibilitätstest prüft die Steuerung, ob die vom Drehgeber angezeigte Geschwindigkeit mit der durch die Steuerung vorgegebenen übereinstimmt.

Bei sicheren Antriebslösungen lassen sich zwei Konzepte unterscheiden. Beim integrierten Sicherheitskonzept besteht das Antriebssystem aus einem Servoregler mit integrierter Safety-Funktionalität und einem sicheren Drehgeber. Bei einem externen Safety Konzept besteht das System aus einem Servoregler ohne Safety-Funktionalität, einem sicheren oder Standard-Drehgeber, sowie einem externen Sicherheitswächter bzw. einer sicheren Steuerung (Abb. 5.2).

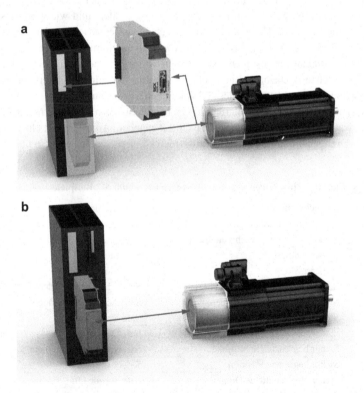

Abb. 5.2 Konzepte zur funktionalen Sicherheit mit Drehgebern: unten – integriert, oben – extern (Quelle: SICK STEGMANN GmbH)

Bei der Betrachtung der Sicherheitsfunktionen im Zusammenhang mit Drehgebern müssen nicht nur die Geräte an sich mit einbezogen werden, sondern auch die Signalübertragung. Zwischenzeitlich gibt es eine Fülle von Schnittstellenstandards, die Positions- und Statusinformation sicher übertragen können und somit selbst über eine Sicherheitszertifizierung verfügen.

5.1.3 Mehrwertfunktionen

Drehgeber sind heute häufig so ausgeführt, dass sie programmierbare Komponenten, meist Mikrocontroller einsetzen. Der Trend hin zu immer höherer Integration in der Halbleitertechnik führt zur Verfügbarkeit von Komponenten mit steigender Leistungsfähigkeit, Speichertiefe und peripherer Funktionalität bei aber immer kleineren Bauformen. Dies unterstützt den Trend bei Drehgebern Mehrwertfunktionen zu bieten. Es wird nicht mehr nur die Winkelposition zur Verfügung gestellt, sondern die Steuerung kann mit dem Drehgeber kommunizieren und somit auf weiterführende Funktionen zurückgreifen. Einige sollen an dieser Stelle erwähnt werden.

Inkrementalgeber sind typischerweise sehr starr in deren Konfiguration. Spezielle Inkrementalgeber lassen sich aber in ihren elektrischen und sensorischen Eigenschaften auf die Anwendung anpassen. Eingestellt werden können die Auflösung (Anzahl Impulse pro Umdrehung), die Lage und Konfiguration des Nullimpulses (Pulsbreite und Lage relativ zu den A/B Signalen) oder gar der Schnittstellentyp (HTL, TTL, o. ä.; siehe Abschn. 4.3.2.1). Auf diese Weise kann eine Drehgeberseriennummer für unterschiedliche Anwendungen eingesetzt werden, was sich positiv auf die Flexibilität des Anlagenbauers und dessen Lagerhaltung auswirkt. Allerdings ist der Aufbau eines solchen Drehgebers deutlich aufwendiger als die eines nicht konfigurierbaren Geräts. Konfiguriert werden die Geräte entweder über Mikroschalter (begrenzte Auswahlmöglichkeit) oder über die elektrischen Leitungen. Eigentlich werden über die Leitungen von Inkrementaldrehgebern nur unidirektional Positionsänderungen dargestellt. Eine bidirektionale Kommunikation mit einer Steuerung oder einem speziellen Konfigurationsgerät ist in der Standardkonfiguration nicht möglich. Über spezielle, herstellerspezifische Aufstartsequenzen ist es möglich das Gerät in einen Modus zu versetzen, in dem es bidirektional kommunizieren kann (aber keine Positionsinformation mehr liefert). Ist der Inkrementaldrehgeber konfiguriert, wird er von der Spannungsversorgung getrennt und startet mit seiner neuen Konfiguration beim Wiedereinschalten.

Drehgeber, die auch während des Betriebs bidirektional mit einer Steuerung kommunizieren können, können dieser auch etwas über den internen Status mitteilen.

Drehgeberhersteller kennen deren Geräte in der Form, dass es möglich ist anhand von Signalauswertungen auf den Zustand des Drehgebers zu schließen oder schlicht interne Signalwerte extern zur Verfügung zu stellen. Ein Beispiel ist die Verarbeitung der Sensorsignalstärke. Bei optischen Drehgebern, zum Beispiel, degradieren die Lichtquellen über die Zeit. Bei gleichem LED-Strom wird die Lichtenergie immer geringer. Wenn auch der LED-Strom geregelt wird, kann es nach einigen Jahren im Betrieb vorkommen, dass eine Regelgrenze erreicht wird. Der Strom kann nicht weiter erhöht werden, somit wird das Empfangssignal schwächer. Wird ein Schwellwert erreicht, so meldet der Drehgeber eine Warnung an die Steuerung. Der Anlagenbetreiber kann einen Austausch des Drehgebers vorsehen. Andere Beispiele interner Diagnose sind die Anzeige des Zustandes des Getriebes eines getriebebehafteten Multiturns oder der Zustand der Batterie bei einem batterie-gepufferten Multiturn. Die Bedeutung solcher interner Diagnosen nimmt mit dem Trend hin zur Zustandsüberwachung (engl.: „Condition Monitoring"), der Vorhersage (engl.: „Prognostics") oder der vorbeugenden Wartung (engl.: „Predictive Maintainance") weiter zu. Bei funktional sicheren Drehgebern sind interne Diagnosen für die Zertifizierung erforderlich.

Speziell bei den Motor-Feedback-Systemen werden sogenannte elektronische Typenschilder zur Verfügung gestellt. Dabei handelt es sich um Bereiche des geberinternen, wiederbeschreibbaren, nicht-flüchtigen Speichers (z. B. EEPROM), den der Drehgeber für die Steuerung bereitstellt und verwaltet. Die Steuerung weist den Drehgeber über die bidirektionale Schnittstelle mittels bestimmter, herstellerspezifischer Befehle an Daten zu speichern, bzw. wieder zur Verfügung zu stellen. Nützlich ist dies zur Speicherung motor- oder anlagenspezifischer Daten wie Seriennummern, Motorparameter, usw.. Dies kann die Inbetriebnahme eines Antriebssystems erheblich vereinfachen.

Ein weiterer Trend, der durch moderne Drehgeber unterstützt wird, ist die Möglichkeit Daten geberinterner Sensoren zur Verfügung zu stellen oder gar von geberexternen Sensoren, welche an den Drehgeber angeschlossen werden können und die digitalisierten Daten über die elektrische Drehgeberschnittstelle einer Steuerung zur Verfügung zu stellen. Bei geberinternen Sensoren handelt es sich vornehmlich um Temperatursensoren. Diese sind in den meisten Drehgebern zur Überwachung der Betriebstemperatur integriert. Greift die Steuerung auf die geberinterne Temperatur zu, so kann diese nicht nur den Zustand des Drehgebers sondern auch der Anwendung schließen. Temperatursensoren sind auch das primäre Beispiel für geberexterne Sensoren. Im Bereich der Motor-Feedback-Systeme kann auf diese Weise der Wicklungstemperatursensor in das Sensorsystem integriert werden. Die Sensordaten können kontinuierlich übertragen werden oder in Form eines Histogramms gespeichert und dann auf Anfrage übertragen werden. Diese Funktionen unterstützen die Umsetzung von Überwachungs- und vorausschauenden Ansätzen in der Automatisierungstechnik.

Die beschriebenen Mehrwertfunktionen, sowie der Trend, weitere Sensoren ins System einzubringen wird durch Initiativen wie „Industrie 4.0" weiter an Bedeutung gewinnen. Unter diesem Schlagwort, das sich seit Anfang der 2010er mehr und mehr verbreitet, versteht man Bestrebungen Komponenten und Anlagen in der Industrie weiter zu vernetzen und somit die Generierung und Verbreitung neuer Informationen (auch Sensordaten) zu fordern. Drehgeber können hier eine Brücke schlagen, da man deren „Intelligenz" und vorhandene Infrastruktur sinnvoll nutzen kann.

5.2 Encoder

5.2.1 Aufgabe und Anforderungen

Bei Encodern unterscheidet man zwischen Inkrementaldrehgebern und Absolutdrehgebern. Inkrementaldrehgeber werden überwiegend für die Drehzahlerfassung (sie werden trotzdem als Encoder eingeordnet) eingesetzt, wenn eine Referenzfahrt möglich ist auch für Positionieraufgaben. Bei den Absolutdrehgebern kehrt sich dies um. Sie werden überwiegend für Positionieraufgaben verwendet und seltener für eine Geschwindigkeitsregelung, wofür er dann zusätzlich über Inkrementalsignale verfügt. Äußerlich unterscheiden sich die Geräte dieser beiden Typen wenig. Die mechanischen Schnittstellen sind übertragbar, die Einsatzbedingungen und somit die grundlegende Konstruktion der Geräte identisch. Primäre Unterschiede finden sich in der verwendeten Sensorik und den elektrischen Schnittstellen, somit der gesamten Elektronik. Die elektrischen Schnittstellen sind darauf ausgelegt, dass eine einfache Integration in die Steuerungsebene möglich ist. Entsprechend finden sich dedizierte, etablierte Drehgeberschnittstellen (analog/digital inkremental, SSI) und industrielle Feldbusse.

Inkrementaldrehgeber zeigen eine Positionsänderung über spezielle elektrische Schnittstellen an (Abschn. 5.2.2.1). Weit verbreitet sind solche mit digitalen Inkrementalsignalen basierend auf dem optischen Wirkprinzip des Schattenbildverfahrens (an dieser Stelle eignet sich auch der Begriff des Lichtschrankenverfahrens). Die Sensorik kann recht einfach realisiert werden. Dabei verfügen die Geräte über eine fixe Auflösung. Somit ist aber auch für unterschiedliche Anwendungen in denen sich die Anforderung für die Auflösung unterscheidet je ein eigenes Gerät erforderlich. Sind Inkrementaldrehgeber programmierbar in der Auflösung, so verbirgt sich im Drehgebergehäuse ein Singleturn-Absolutdrehgeber. Aus der intern gebildeten Absolutposition werden Inkrementalsignale und der Nullimpuls rechnerisch oder mittels entsprechender Interpolatoren abgeleitet. Kritisch ist dabei die Realisierung von Auflösungen, die nicht einen binären Teilerfaktor erfordern. Der Jitter wird sich dabei mehr oder weniger erhöhen. Ohnehin ist der Jitter ein wichtiger Parameter bei Inkrementalgebern. Er wirkt sich als eine winkelabhängige Varianz in den Ausgangssignalen und somit bei einer konstanten Drehzahl als zeitliche Varianz aus. Schwankungen im Puls-Intervall und im Puls-Pausen-Verhältnis der einzelnen Signale bewirken dies. Bei programmierbaren Inkrementalgebern wird er durch die Interpolation bestimmt, bei Inkrementalgebern mit fixer Auflösung durch Eigenschaften der Teilungsperiode und deren Abtastung (Abb. 5.3).

Die Signale eines digitalen Inkrementaldrehgebers werden einer Zählschaltung zugeführt. Dazu werden diese in Zählimpulse umgewandelt. Mit jedem Impuls wird ein Zähler inkrementiert (erhöht) oder dekrementiert (erniedrigt). In welche Richtung gezählt wird hängt von der Drehrichtung der Drehgeberwelle ab. Ermittelt

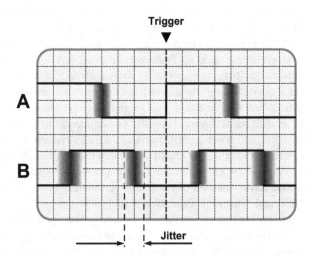

Abb. 5.3 Oszilloskopdarstellung des Jitters bei Inkrementalgebern

wird sie durch die Beziehung der Inkrementalsignale A und B über einen Zustandsautomaten. Die Initialisierung (z. B. Nullsetzung) des Zählers kann über den Nullimpuls Z des Drehgebers selbst oder über eine geberexterne Einrichtung erfolgen wie, z. B. über einen Endschalter. Dadurch ergibt sich eine pseudo-absolute Winkelposition. Die Zählschaltung kann die Signale unterschiedlich auswerten. Abb. 5.4 stellt die Möglichkeiten beispielhaft dar (andere Auslegungen sind möglich). Bei der 1X-Auswertung löst nur ein bestimmter Pegelwechsel (z. B. steigende Flanke des Signals A) eine Änderung des Zählerstandes aus. Die 2X-Auswertung nutzt zusätzlich den inversen Pegelwechsel des Signals (z. B. steigende und fallende Flanke des Signals A). In diesen beiden Fällen wird Signal B ausschließlich für die Erkennung der Drehrichtung verwendet. Bei der 4X-Auswertung werden beide Pegelwechsel beider Signale genutzt.

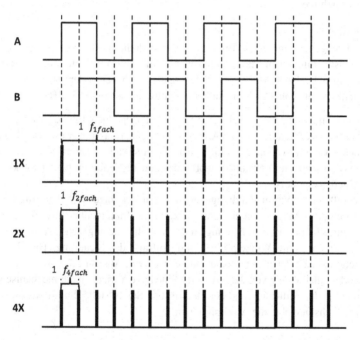

Abb. 5.4 Generierung von Zählimpulsen bei Inkrementaldrehgebern

Bei der Auslegung der Inkrementaldrehgeberauswertung ist die maximale Zählfrequenz des Zählers der Steuerung zu beachten. Diese liegt typischerweise bei einigen 100 kHz, selten bei mehr als 1 MHz. Abhängig ist die Frequenz von der Drehzahl, der Anzahl Impulse pro Umdrehung des Drehgebers, sowie der Signalauswertung. Es gilt folgende Beziehung:

$$f_{aX} = \mathrm{x} \cdot \frac{n \cdot PPR}{60 \dfrac{s}{\min}} \qquad (5.1)$$

(f_{aX} : Zählfrequenz bei xX-fach Auswertung in [Hz]; x : 1X-, 2X- oder 4X-Auswertung; n : Drehzahl in [1/min]; PPR : Anzahl Impulse pro Umdrehung)

Aus Gl. 5.1 lässt sich auch die maximale Anzahl Impulse pro Umdrehung für eine durch die Zählkarte vorgegebene maximal zulässige Zählfrequenz ermitteln. In dieser Betrachtung gilt es auch die maximale Bandbreite der Drehgebersignale zu berücksichtigen.

Beispiel

Ein Drehgeber mit 65536 Impulsen pro Umdrehung (16 Bit) hat bei einer 4X-Auswertung einen Messschritt von 1,37 m° bzw. 4,94". Bei einer maximal zulässigen Drehzahl von 9000 UPM ergäben sich bei voller Auflösung eine Signalfrequenz von 9,83 MHz und eine Zählfrequenz von 39,3 MHz!

Die Geschwindigkeitserfassung kann auf zwei Arten erfolgen. Entweder werden in einem gegebenen Zeitintervall die Anzahl Inkremente erfasst oder es wird die Zeit zwischen zwei Inkrementen ermittelt. Das Zeitintervallverfahren liefert bessere Ergebnisse bei hohen Drehzahlen, wobei das andere Verfahren besser für kleine Drehzahlen geeignet ist.

Generell wird Inkrementaldrehgebern ein gutes Echtzeitverhalten zugesprochen. Ist eine Winkelposition erreicht, die zu einem Inkrementwechsel führt wird dieser meist ohne große Verzögerung an der Schnittstelle angezeigt. Absolutdrehgeber übertragen eine Winkelposition auf Anfrage der Steuerung. Hier ist die Interpretation nach der Echtzeit eine andere (vgl. SSI, Abschn. 5.2.2.4).

Encoder, unabhängig von der Art bieten eine hohe Varianz in der mechanischen Schnittstelle, der Auflösung und der elektrischen Schnittstelle. Somit passen sich diese möglichst ideal an die Anwendung an.

5.2.2   Elektrische Schnittstellen

5.2.2.1   Schnittstellen für Inkrementaldrehgeber

Winkelpositionssignale werden von Inkrementaldrehgebern digital oder analog als Quadratursignalpaarung mit Nullimpuls symmetrisch übertragen, d. h. als Signal

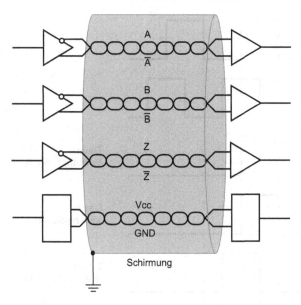

Abb. 5.5 schematische Darstellung der Inkrementaldrehgeberschnittstelle

und als invertiertes Signal. Die Auswertung erfolgt differentiell. Bei den digitalen Signalen gibt es eine Reihe an Ausprägungen der elektrischen Schnittstelle: TTL/RS-422, HTL oder Open Collector. Bei den analogen Signalen handelt es sich um sinusförmige Signale mit einem Signalpegel von z. B. 1 V_{SS}. Die Signaltriple haben verschiedene Bezeichnungen, z. B. A/B/Z oder K1/K2/K0 (Quadratursignale: A/B bzw. K1/K2; Nullimpuls: Z bzw. K0) (Abb. 5.5).

Die Signalbreite der digitalen Quadratursignale definiert sich durch die Auflösung des Drehgebers und dessen Drehzahl. Relativ gesehen haben die Signale ein Puls-Pausen-Verhältnis von 1:1 und eine Phasenverschiebung von 90° elektrisch. Der Nullimpuls kann in der Signallänge und -lage relativ zu den Quadratursignalen variieren. Gängige Definitionen sind in Abb. 5.6 dargestellt.

Die Spezifikation der analogen sinusförmigen Quadratursignale folgt denen gemäß Abschn. 4.3.2. Der Nullimpuls wird entweder als digitaler Impuls oder als analoges Signal (z. B. eine Halbwelle eines sinusförmigen Signals) bereitgestellt (Abb. 5.7).

5.2.2.2 Analoge Strom- und Spannungsschnittstellen

In der Sensortechnik sind drei analoge Schnittstellen mit stetigem Verlauf innerhalb des Messbereichs weit verbreitet. Encoder nutzen die Strom-, die Spannungs- und die ratiometrische Spannungsschnittstelle. Dabei wird der Messbereich über

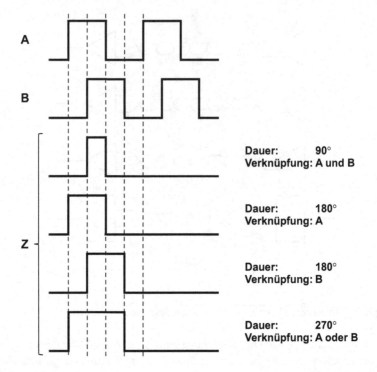

A

B

Z

Dauer: 90°
Verknüpfung: A und B

Dauer: 180°
Verknüpfung: A

Dauer: 180°
Verknüpfung: B

Dauer: 270°
Verknüpfung: A oder B

Abb. 5.6 Nullimpulsdefinitionen

Abb. 5.7 Signale bei einem
Inkrementaldrehgeber mit
sinusförmigen Signalen

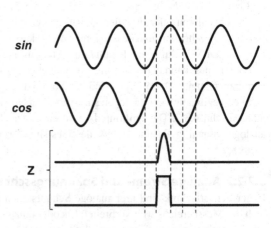

sin

cos

Z

Abb. 5.8 Definition von
Messbereich und
Einheitsbereich

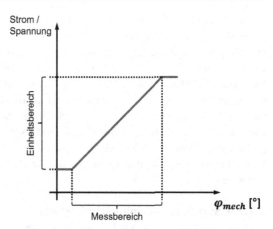

einen spezifizierten Signalbereich dargestellt. Dieser Signalbereich wird auch als Einheitsbereich bezeichnet (Abb. 5.8). Bei der Stromschnittstelle liegt dieser typischerweise bei 4–20 mA, bei der Spannungsschnittstelle bei 0–10 V und bei der ratiometrischen Spannungsschnittstelle bei 5–95 % oder 10–90 % der Versorgungsspannung U_s (z. B. Einheitsbereich von 5–95 % und $U_s = 5$ V führt zu einem Spannungsbereich von 0,25–4,75 V).

Die Spannungsschnittstellen sind steuerungsseitig hochohmig abzuschließen (Kiloohm-Bereich), so dass ein verhältnismäßig kleiner Strom fließt und somit der Spannungsabfall durch den Leitungswiderstand gering gehalten wird. Dieses Problem besteht bei der Stromschnittstelle nicht. Außerdem ist die Stromschnittstelle unempfindlicher gegen elektromagnetische Störungen. Je nach Bürde (Lastwiderstand aus Leitungswiderstand und Abschlusswiderstand mit max. 600 Ω, typischerweise aber geringer) können bei der Stromschnittstelle Leitungslängen mit mehreren hundert Metern verwendet werden, wohingegen die Spannungsschnittstellen eher für kurze Leitungen geeignet sind. Positiv bei der Strom- und der ratiometrischen Schnittstelle ist, dass im regulären Betrieb zu jedem Zeitpunkt ein Signal ansteht (Strom oder Spannung ungleich Null), was eine Fehlerüberwachung ermöglicht.

5.2.2.3 Parallele Schnittstelle

Bevor die ersten digital-seriellen Schnittstellen (vgl. SSI, Abschn. 5.2.2.4) und Feldbusse (vgl. Abschn. 5.2.2.5) zur digitalen Übertragung von Absolutpositionswerten eingeführt wurden, wurden parallele Schnittstellen genutzt. Dabei repräsentiert jede Datenleitung ein Bit des Positionscodewortes. Die Daten sind binär, Gray oder BCD-codiert. Aufgrund der hohen Anzahl an Leitungen, die selbst für Encoder mit geringer Auflösung benötigt wird, werden die einzelnen Datenbits nicht differentiell übertragen, sondern nur über eine Ader. Verwendet werden Treiberschaltungen, die von den Inkrementalschnittstellen bekannt sind. Viele Geräte stellen neben der reinen Positionswertübertragung weitere Informationen zur Verfügung. Dazu zählen, z. B. Alarmausgänge oder Paritätsbits zur minimalen Sicherung der Übertragung. Auch werden Steuereingänge bereitgestellt, mit denen man, z. B. das Datenwort einfrieren kann, die Codierrichtung einstellt (aufsteigende Position im Uhrzeigersinn oder Gegenuhrzeigersinn) oder die Treiberstufen hochohmig schaltet. Encoder mit diesen Schnittstellen werden auch heute noch angeboten.

5.2.2.4 Synchron-Serielle Schnittstelle

Bei absoluten Drehgebern war lange Zeit die schnelle, echtzeitfähige und dennoch einfache synchron-serielle Schnittstelle (engl.: „synchronous serial interface"; SSI) vorherrschend. Entstanden ist sie zu einer Zeit, als für absolute Drehgeber noch Parallelschnittstellen oder asynchron-serielle Schnittstellen verwendet wurden und Roboter mehr und mehr aufkamen. In Robotern, wo mehrere Achsen aktorisch bewegt werden und jede Drehachse mit einem Motor und Winkelpositionsgeber bestückt ist, führen Drehgeberleitungen mit einem Litzenpaar für jedes aufgelöste Bit zu nicht integrierbaren und fehleranfälligen Kabelbäumen. Asynchrone Schnittstellen sind anfälliger auf Schnittstellenstörungen als synchrone. Die SSI geht auf eine Erfindung der SICK STEGMANN GmbH zurück [1] konnte sich aber schnell und herstellerübergreifend durchsetzen, da die Schnittstelle früh für den allgemeinen Einsatz frei gegeben wurde.

Die Schnittstelle nutzt vier Leitungen zur Takt- und Datenübertragung. Ein differentielles Leitungspaar überträgt einen Takt von der Steuerung an den Drehgeber, ein weiteres die Winkelinformation vom Drehgeber an die Steuerung. Die Takte der Steuerung synchronisieren die Datenübertragung zwischen Drehgeber und Steuerung. Die absolute Winkelposition wird kontinuierlich vom Drehgeber abgetastet, das Taktsignal der Steuerung ist nur im Fall einer Positionsabfrage aktiv. Startet die Steuerung eine Positionsabfrage wird mit der ersten Taktflanke in einem Schieberegister die aktuelle Position abgespeichert und mit den weiteren Taktimpulsen über die serielle Datenleitung übertragen (ugs.: ausgetaktet). Auf diese Art erhält die SSI ihre Echtzeitfähigkeit. Die Steuerung „weiß", wann sie die Abfrage gestartet hat und kann bei Verfügbarkeit der vollständigen Winkelinformation die zu diesem neuen Zeitpunkt wahrscheinliche Position berechnen (Extrapolation anhand der berechneten aktuellen Geschwindigkeit). Die zu übertragende Wortbreite kann von Anwendung zu Anwendung, gar von einer Abfrage zur nächsten beliebig variieren.

Die Anzahl der Takte definiert die Anzahl der übertragenen Bits. Einige Typen unterstützen den sogenannten Ringregister-Betrieb. Werden in diesem Modus mehr Takte ausgegeben als die eigentliche Wortlänge beträgt, beginnt die Übertragung desselben Wortes wieder von vorne. Gesteuert wird die variable Wortlänge über ein Monoflop, das den Steuereingang des Schieberegisters steuert. Mit der ersten Taktflanke wird der aktuelle Wert gespeichert und so lange gehalten bis die Monoflop-Zeit (15–25 µs) nach der letzten relevanten Taktflanke abgelaufen ist. Die nächste Taktflanke führt zur Übernahme einer neuen Winkelinformation. Ein markanter Vorteil dieser Übertragungsprozedur liegt darin, dass die Steuerung den Zeitpunkt und die Geschwindigkeit der Datenübertragung steuern kann. Auf diese Weise ist eine auf die Anwendung angepasste, optimale Übertragungssicherheit möglich. Je nach Leitungslänge sind Datenraten bis 2 MHz möglich. Physikalisch setzt SSI auf dem RS-422- oder dem RS-485-Standard auf. Die Geräte übertragen die Daten entweder im Binär- oder im Gray-Code. Einige Hersteller fügen den eigentlichen Positionsdaten noch Sonderbits hinzu über die geberinterne Informationen übertragen werden (z. B. Fehler wie Über-/Untertemperatur oder Sensorproblem) (Abb. 5.9).

Gelegentlich wird die SSI-Schnittstelle mit einer Inkrementalschnittstelle (analog oder digital) kombiniert. Dann wird in der Anwendung der SSI-Kanal für die Ermittlung einer Absolutposition und für den Austausch von Parametern zwischen Steuerung und Drehgeber verwendet. Dieses Konzept verfolgen spezielle Erweiterungen der SSI-Schnittstelle (z. B. EnDat- oder BiSS-Varianten). Die Inkrementalinformation wird für die Ermittlung von Positionsänderungen in Echtzeit

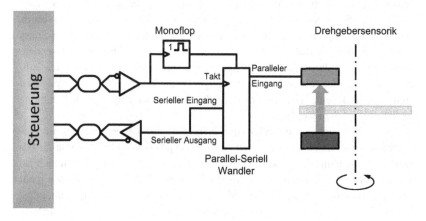

Abb. 5.9 Blockschaltbild zur synchron-seriellen Schnittstelle (SSI)

genutzt. Auch kann diese Schnittstellenkombination für funktional sichere Anwendungen nützlich sein.

Die SSI tritt immer mehr in den Hintergrund, da heutzutage die bidirektionale Kommunikationsfähigkeit in den Vordergrund rückt, so dass im Bereich der absoluten Drehgeber verstärkt Feldbusse zum Einsatz kommen.

5.2.2.5 Feldbusse und industrielle Ethernetsysteme

Wikipedia [10] listete zur Zeit der Manuskripterstellung knapp vierzig verschiedene Feldbussysteme. Viele sind spezifisch für den Anwendungsbereich (z. B. Automobil, Konsumelektronik, Industrie) oder für eine Region (ergibt sich meist aus einer Stellung eines regional dominanten Herstellers). Einige haben sich in einem Bereich entwickelt und wurden dann in Abwandlung auf andere Bereiche adaptiert (z. B. CAN, Ethernet). An dieser Stelle wird nur auf einige Feldbusse eingegangen, die im industriellen Umfeld, speziell bei Encodern eingesetzt werden. Basis für Encoder mit Feldbus-Kommunikation sind Absolutdrehgeber.

Ein Feldbus ist ein Bussystem im prozessnahen Bereich zum direkten Anschluss von Sensoren und Aktuatoren mit einer eigenen Intelligenz. Auf einem Feldbus werden Daten zwischen Sensorik und Aktorik und einer Steuereinrichtung in digitaler Form übertragen. Die Übertragung der Prozessdaten muss möglichst schnell, d. h. echtzeitnah erfolgen. Zudem muss eine feste minimale und maximale Antwortzeit garantiert sein. Neben den Prozessdaten, z. B. einer Winkelposition, können zusätzliche Informationen, Dienste und Diagnosedaten ausgetauscht werden. Wurden in der Vergangenheit klassische Feldbusse eingesetzt, so halten seit einigen Jahren mehr und mehr Industrial Ethernet Feldbusse Einzug in der Automatisierungstechnik und somit auch bei den Drehgebern. Trotz aller Vorteile die Ethernet-Feldbusse bieten ist zu beachten, dass diese einen großen Hardwareaufwand mit sich bringen und komplex in der Implementierung sind, so dass sie einen großen Kostenblock darstellen. Die für den Drehgeberkern verwendete Technologie beeinflusst den Komplettgerätepreis nur noch unwesentlich. Deshalb entscheidet sich der Anwender immer häufiger für die leistungsfähigeren optischen Drehgeber. Bekannte Beispiele im Bereich der Encoder eingesetzten Feldbusse sollen angesprochen werden.

Das CAN-System („Controller Area Network") hat seinen Ursprung im Automobilbereich. In den letzten Jahren wurden entsprechende Geräteprofile für bestimmte Anwendungsbereiche spezifiziert. Einige dieser Derivate haben sich im industriellen Bereich durchgesetzt. Systeme, die auf CAN basieren können recht günstig umgesetzt werden, da Basisblöcke in vielen Mikrocontrollern integriert sind und die Verfügbarkeit an CAN-Komponenten sehr hoch ist. Die Datenrate beträgt bei der Highspeed-Version maximal 1 MBaud (Megabit pro Sekunde) bei einer Leitungslänge von ca. 40 m, reduziert sich mit zunehmender Leitungslänge und beträgt noch 50 kBaud (Kilobit pro Sekunde) bei einem Kilometer. Übertragen werden die Daten über ein verdrilltes Adernpaar. Der CAN-Bus an sich definiert nur die unteren beiden Schichten des ISO-OSI-Modells, d. h. die physikalische und die Sicherungsschichten. Die spezifischen Protokolle definieren vorwiegend die Anwendungsschicht. Eine interessante Funktion die CAN bietet ist der Publisher-Subscriber-Service. Somit kann jeder Teilnehmer Daten von jedem Teilnehmer empfangen.

CANopen ist ein auf CAN basierendes Kommunikationsprotokoll. Es wird durch die CiA-Vereinigung („CAN in Automation") spezifiziert. CANopen spezifiziert Kommunikationsprofile die hauptsächlich in der Automatisierungstechnik und zur Vernetzung innerhalb komplexer Geräte verwendet werden. Die Anzahl der Knoten wird typischerweise durch die Treiberfähigkeit der Bustreiber begrenzt. Gängig ist die Anzahl von maximal 64, verschiedentlich 128 Teilnehmern in einem Bereich. Die Adressen werden über mechanische Schalter oder über den Bus eingestellt. Drehgeber nutzen die Design-Spezifikation des Encoderprofils zur Übermittlung von Messwerten. Durch den Publisher-Subscriber-Service können Systeme, die koordinierte Aktionen ausführen, aufgebaut werden.

DeviceNet ist ein Kommunikationsprotokoll, das überwiegend im nordamerikanischen Markt verbreitet ist, das ebenfalls auf CAN basiert. Es wird von der ODVA („Open DeviceNet Vendor Assoziation") als offener Standard spezifiziert. Auch hier können bis zu 64 Knoten in einem Bereich verwendet werden, wobei die Adresse über Dreh- oder DIP-Schalter („dual in-line package") für jeden Knoten manuell eingestellt werden kann, gelegentlich auch über den Bus. DeviceNet verwendet das CIP-Protokoll („Common Industrial Protocol"), der in internationalen Märkten zur Anwendung kommt. Es stehen nur festgelegte Datenraten bis maximal 500 kBaud bereit, die meist auch über mechanische Schalter eingestellt werden. Drehgeber nutzen das DeviceNet Protokoll für Encoder.

Ein weiteres auf CAN basierendes Protocol ist SAE J1939 das durch die SAE („Society of Automotive Engineers") definiert wurde. Dieses wird vorwiegend im Nutzfahrzeugbereich (z.B. landwirtschaftliche oder baugewerbliche Fahrzeuge) eingesetzt. Die Datenrate beträgt aktuell fixe 250 kBaud. Ein Segment kann bis zu 254 Knoten führen.

PROFIBUS („Process Field Bus") ist ein von der PNO (PROFIBUS Nutzerorganisation e. V.) spezifizierter Feldbus und findet in den globalen, insbesondere aber europäischen Automatisierungsmärkten Anwendung. Er ermöglicht große Leitungslängen (bis maximal 1,2 km) und hohe Datenraten (bis 12 MBaud). Die physikalische Übertragung basiert auf RS-485 über verdrillte und geschirmte Leitungen oder Lichtwellenleiter. Bis zu 31 Teilnehmer können sich ein Bussegment teilen, wobei in einem Bereich bis zu vier Segmente kaskadiert werden können. Es gibt spezifische Ausführungen, wobei PROFIBUS DP (PROFIBUS für Dezentrale Peripherie) für den schnellen Datenaustausch einer zentralen Steuerung mit Sensoren und Aktoren bestimmt ist. In der Version 2 ist PROFIBUS DP sogar taktsynchron. Die Übertragung ist deterministisch, so dass Latenzen bekannt sind und kompensiert werden können. PROFIsafe definiert ein Profil für funktional sichere Anwendungen.

Eine weitere Familie an Feldbussen fasst man unter dem Begriff „Industrial Ethernet" zusammen. Darunter versteht man Derivate des aus der kommerziellen Kommunikation (z. B. Büro) bekannten Ethernets, die für den industriellen Einsatz geeignet sind. Da hier die Echtzeitfähigkeit in der Datenübertragung eine wichtige Rolle spielt und die industriellen Ethernet-Busse genau hier ansetzen, verwendet man auch den Begriff „Echtzeit-Ethernet". Dafür definieren die Derivate unterschiedliche Zuweisungsmechanismen. Die unteren Schichten gemäß dem ISO-OSI-Modell werden vom Standard-Ethernet übernommen. Es können verschiedene Netz-Topologien wie Linie, Ring, Baum, Stern und deren Kombination installiert werden. Über Ethernet können große Datenmengen mit hohen Datenraten übertragen werden. Als Medium dienen Kupfer oder Lichtwellenleiter. Für eine sichere Datenübertragung werden Netze grundsätzlich mit galvanischer Isolierung mit Übertragern aufgebaut. Generell sind die EMV-Störsicherheit sowie der Betriebstemperaturbereich gegenüber dem Standard-Ethernet erhöht. Inzwischen werden Übertragungszyklen bis 100 μs oder gar darunter realisiert. Peripheriekomponenten (elektromechanisch und elektronisch) sind weit verbreitet und entsprechend günstig. Der Hardware- und Implementierungsaufwand für die Schnittstelle ist allerdings hoch. Alle Industrie-Ethernet-Systeme sind bestrebt eine durchgängige Kommunikation innerhalb einer Fabrik bis ins Büro zu ermöglichen. Beispiele industrieller Ethernetsysteme sind in Tab. 5.4 aufgelistet.

Tab. 5.4 Industrial Ethernet Feldbusse mit Verwendung bei Encodern

Ethernet-Standard	Nutzerorganisation
PROFINET, PROFINET I/O	PROFIBUS Nutzerorganisation e. V. (PNO)
EtherNet/IP („Industrial Protocol")	Open DeviceNet Vendor Association (ODVA)
EtherCAT	EtherCAT Technology Group
Ethernet POWERLINK	Ethernet Powerlink Standardization Group
SERCOS III („Serial Realtime Communication System")	Sercos International e. V.

5.2.3 Anwendungen

Einsatzgebiete für Encoder gibt es im industriellen Umfeld unzählig viele: Überall dort, wo sich Achsen drehen, rotative Bewegungen in lineare oder lineare Bewegungen in rotative umgesetzt werden, und damit eine Winkellage gemessen werden soll, kommen sie zum Einsatz. Sie werden in unzähligen Branchen eingesetzt: Automobilindustrie, Verpackungsmaschinen, Holzverarbeitung, Druck, Getränke und Nahrungsmittel, Pharma und Kosmetik, Werkzeugmaschinen, Kunststoff und Gummi, Handhabungs- und Montagetechnik, Textil, Elektronik, regenerative Energien, Fördertechnik, autonome Fahrzeuge, Industriefahrzeuge, etc., etc..

Sogenannte Heavy-Duty Ausführungen adressieren harsche Anwendungsbedingungen. Diese Bezeichnung hat allerdings keine einheitliche Definition. Es gibt Ausprägungen für besondere Wellenbelastung, für hohe Schock- und Vibrationsbeanspruchung, für Spritzwasser, usw.

Eine Spezialvariante für Encoder sind Seilzugencoder (elektronisches Maßband). Bei diesen werden Inkremental- oder Multiturn-Absolutgeber mit einem Seilzugmechanismus kombiniert. Ein Seil wird auf eine Trommel aufgewickelt. Die Trommel ist zum einen axial mit der Drehgeberwelle verbunden und zum anderen über eine Rückhaltefeder mit dem Gehäuse, wodurch das Seil gespannt wird. Das freie Ende des Seiles wird an ein bewegtes Objekt angebracht, eventuell auch über Umlenkrollen. Somit kann sehr einfach eine lineare Bewegung gemessen werden. Seilzugencoder gibt es für kurze Längen aber auch für Anwendungen mit Messlängen von mehreren Dutzend Metern (Abb. 5.10).

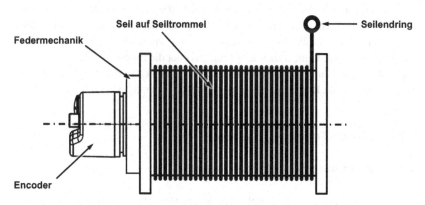

Abb. 5.10 schematische Darstellung eines Seilzugencoders

Tab. 5.5 Anwendungsbeispiele für Seilzugencoder

Bereich	Anwendung
Flurförderfahrzeuge und Gabelstapler	• Positionierung der Hubhöhe und Messung der Gabelweite
Hubgestelle	• bündige Positionierung von Plattform und Zielebene
Scherenhubtische	• Messung der Plattformhöhe

Da der Encoder anzeigt wie weit das Messseil von der Trommel abgewickelt ist, ist in der Anwendung darauf zu achten, dass das Messseil immer gespannt ist. Ansonsten ergeben sich Messfehler. Die Auflösung wird meist im Datenblatt direkt als lineares Maß angegeben. Bei der Auswahl eines Seilzugencoders ist auf die maximal mögliche Geschwindigkeit und Beschleunigung zu achten. Außerdem ist bei Seilzugencodern die maximale Anzahl an Hüben mechanisch begrenzt und nur ein relativ kleiner Auszugswinkel erlaubt. Über einen modularen Aufbau lassen sich für gewöhnlich an eine Seilzugmechanik unterschiedliche Encoder anbringen – für gewöhnlich steht die volle Bandbreite an Möglichkeiten in diesem Bereich zur Verfügung (Tab. 5.5).

Eine andere spezielle Ausprägung von Encodern sind die Messradencoder. Auch diese setzen eine lineare Bewegung direkt in eine rotative um. Über einen Federmechanismus wird der Drehgeber über ein Messrad an die Anwendung adaptiert. Basis für Messradencoder können auch wieder Inkremental- oder Absolutdrehgeber sein. Angezeigt wird dabei die Winkeländerung oder der absolute Winkelwert, also nicht ein linearer Verfahrweg. Um dies zu ermitteln, muss die Steuerung den Umfang des Messrades kennen. Die Messräder können unterschiedlich gestaltet sein. Es gibt u. a. Messräder aus Gummi (als O-Ring), Kunststoff oder metallischem Material, glatt oder geriffelt bzw. mit Rändel. Die Auswahl wird durch die Anwendung definiert. Wichtig sind dabei z. B. die maximal mögliche Beschleunigung (hohe Werte können zu Schlupf führen) oder die Empfindlichkeit der Oberfläche der Anwendung auf Einprägungen. Abb. 5.11 skizziert einen Aufbau und der darauf folgende Kasten nennt einige typische Anwendungen (Tab. 5.6).

5.3 Motor-Feedback-Systeme

5.3.1 Aufgabe und Anforderungen

Ein wichtiges Einsatzgebiet für Drehgeber liegt im Bereich der Servoantriebstechnik [5–9]. Drehgeber besonderer Bauart, die Motor-Feedback-Systeme (MFB) werden direkt in einen Servomotor eingebaut oder daran angebaut. Aus dem (Echtzeit-)

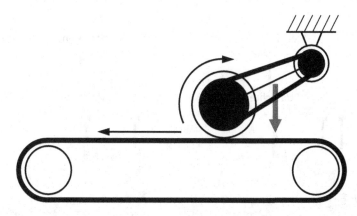

Abb. 5.11 Anwendungsbeispiel für einen Messradencoder

Tab. 5.6 Anwendungsbeispiele für Messradencoder

Bereich	Anwendung
Fördertechnik	• Geschwindigkeitsmessung von Förderbändern
Drucktechnik	• Längenmessung von zu schneidenden Druckerzeugnissen • „drop-on-demand" Tintenstrahldrucktechnik
Holzindustrie	• Geschwindigkeits- und Längenmessung in der Holzpanelverarbeitung

Rotorlagesignal werden alle für die klassische Kaskadenregelung notwendigen Informationen, d. h. Rotorlage, Drehzahl und Kommutierung abgeleitet (Abb. 5.13). In den frühen Jahren wurden für die drei Messparameter eigene Sensoren eingesetzt, d. h. ein Tachogenerator für die Drehzahl, ein Kommutierungsgeber und ein Encoder für die Rotorlage. Das ist kostspielig und aufwändig in Montage und Verkabelung. Außerdem steigt mit der Anzahl der Komponenten auch die Ausfallwahrscheinlichkeit des Systems. Seit den frühen 1990er Jahren, unter anderem unterstützt durch die Einführung digitaler Techniken in Umrichtern und Drehgebern (Mikro- und/oder digitaler Signalprozessor) begann der Weg der Motor-Feedback-Systeme. Diese liefern Informationen über die Rotorlage- oder die Rotorlagenänderung und der Umrichter leitet daraus alle Informationen für die Kaskadenregelung ab (Abb. 5.12).

Servoantriebe sind Antriebe mit Drehmoment-, Drehzahl- und ggf. Positionsregelung. In einem festen zeitlichen Zyklus, dem Reglertakt, wird die Lage des Rotors erfasst und daraus algorithmisch anhand der Vorgaben der übergelagerten Steuerung (z. B. SPS) und Parametern des Antriebssystems berechnet, wie der Motor

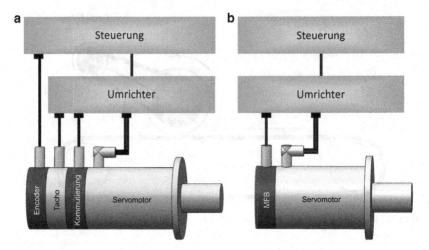

Abb. 5.12 Entwicklung bei Servoantriebssystemen: **a**) mit Gebern für Winkel, Geschwindigkeit und Kommutierung **b**) mit Motor-Feedback-System

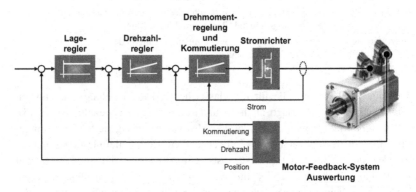

Abb. 5.13 Servomotor mit Kaskadenregelung und eingebautem Motorfeedback System (Quelle: in Anlehnung an SICK STEGMANN GmbH)

für das kommende Zeitintervall bestromt werden muss. Eingesetzt werden in der Servotechnik unterschiedliche Motortypen. Bürstenlose Gleichstrommotoren (engl.: „brushless DC"; BLDC), bürstenlose Wechselstrommotoren (engl.: „brushless AC"; BLAC), Permanentmagnet-Synchronmotoren (engl.: „permanent magnet synchronous motor"; PMSM), Asynchronmotoren (engl.: „asynchronous motor"; ASM) oder neuerdings auch Synchron-Reluktanzmotoren (engl.: „synchronous reluctance motor"; SynRM). Für den Betrieb und die Servoregelung dieser Motoren bedarf es eines Rotorlagesensors, d. h. eines Motor-Feedback-Systems, das die Lage des Motorläufers relativ zum Motorständer anzeigt. Reichen für die Blockkommutierung bei BLDC-Motoren räumlich verteilte Magnetfeld-Sensoren (meist Hall-Sensoren) und ggf. ein dedizierter Magnet aus, so benötigen die anderen Motortypen hochauflösende Motor-Feedback-Systeme. Können Asynchronmotoren auch ohne Motor-Feedback-System betrieben werden, so brauchen sie, wenn sie in einer Anwendung mit variabler Drehzahlregelung eingesetzt werden, zumindest einen Inkrementalgeber. Neben der Funktionserweiterung ergibt sich daraus auch eine Effizienzsteigerung und somit eine Reduzierung der Energiekosten. Generell gilt, dass Servoantriebe energieeffizienter sind als ungeregelte Antriebe. Je höherwertig der Motor und der Umrichter und je performanter das Motor-Feedback-System, desto effizienter ist das Antriebssystem. Hier spielen Permanentmagnet-Synchronmotoren auch eine wichtige Rolle, da sie eine sehr hohe Leistungsdichte bieten. PMSM mit trapez- oder sinusförmigen Induktionsverlauf können ohne Motor-Feedback-System nicht sinnvoll betrieben werden. Weitere Details gibt es hierzu in Abschn. 5.3.3. Bürstenbehaftete Gleichstrommotoren spielen im industriellen Umfeld keine nennenswerte Rolle.

Im Sinne dieses Buches besteht ein elektrisches Antriebssystem aus einem Motor mit ein- oder angebauten Motor-Feedback-System und einem Umrichter. Der Umrichter ist in einem Servoantriebssystem ein zentrales Element und umfasst die Sensorauswertung, die Regelungstechnik und die Leistungselektronik. Im Reglertakt wird die Rotorlage erfasst und die Stromsignatur für den Motor ausgegeben. Darunter versteht man die Ansteuerung der stromführenden Leistungstransistoren (Ventile), welche die Spulen der Motoren mit einem pulsweitenmodulierten Strom belegen (engl.: „pulse width modulation"; PWM). Die PWM ist relativ einfach zu realisieren und betreibt die Leistungstransistoren nur in zwei Betriebszuständen mit geringer Verlustleistung. Allerdings generieren die Schaltflanken der PWM-Ströme hochfrequente elektromagnetische Störungen. Deshalb werden Umrichter typischerweise so konfiguriert, dass die Rotorlage zu Zeiten gemessen wird, an denen keine Schaltvorgänge vorgenommen werden. Typische Frequenzen für den Reglertakt in industriellen Servo-Umrichtern sind 8 kHz, verstärkt finden sich auch 16 kHz. Die Entwicklung in der Leistungselektronik, speziell hin zu schneller schaltenden Transistoren und höheren Zwischenkreisspannungen (aus der Netzspannung generierte Gleichspannung im Umrichter) wird zukünftig noch schnellere Reglertakte ermöglichen. Kurze Zykluszeiten und hohe Anforderungen an die Drehzahlauflösung wirken direkt auf die Anforderungen der Motor-Feedback-Systeme (vgl. Gl. 2.17). Damit wird klar, dass die anspruchsvolle Servotechnik die Domäne optischer Drehgeber ist. Die Trends der Branche erinnern dabei gelegentlich an das aus der Halbleiterindustrie bekannte Moor'sche Gesetz, allerdings mit einer größeren Halbwertszeit. Motor-Feedback-Systeme mit magnetischer, kapazitiver und induktiver Technologie werden bei weniger anspruchsvollen, aber kostensensitiven Anwendungen eingesetzt (vgl. Performanzklassen, Abschn. 5.3.3).

Beispiel

Bei einem Reglertakt von 16 kHz und einer erforderlichen Drehzahlauflösung von 1 UPM ist ein Motor-Feedback-System mit einer Auflösung von 20-Bit erforderlich (vgl. Gl. 2.17 und Abb. 2.14).

Die Anforderungen an die MFB-Auflösung für die Kommutierung sind demgegenüber verhältnismäßig gering. Unter Kommutierung versteht man in der Antriebstechnik die Zuordnung von Stromverläufen zu den Spulen, d. h. die Rotorlage definiert welche Spulen wie bestromt werden. So wichtig dies für den Betrieb des Motors ist, speziell für die Drehmomentregelung, so gering sind die Anforderungen an Motor-Feedback-Systeme diesbezüglich. Auflösungen von 12-Bit oder gar kleiner haben kaum Einfluss auf das Drehmoment eines Servomotors. Wird die Information des Motor-Feedback-Systems auch für die Lageregelung eingesetzt, ist die Anforderung an dessen Auflösung und Genauigkeit höher, da diese direkt in die Positioniergenauigkeit eingeht. Für die Drehzahlregelung sind die Anforderungen an Auflösung und Genauigkeit am höchsten. Dabei ist die MFB-Auflösung speziell bei kleinen Drehzahlen gefordert und eine geringe differentielle Nichtlinearität für die Drehzahlgenauigkeit. Die differentielle Nichtlinearität und Signalrauschen haben direkten Einfluss auf die Drehzahlregelgüte, den Motorstellstrom und die Antriebseffizienz. Außerdem entstehen weitere negative Effekte, wie störende Geräusche des Motors oder der Anlage, angeregt durch unruhig laufende Motoren. Auch direkte Auswirkungen auf die Applikation sind möglich, z. B. Fräsrillen in Werkzeugmaschinen bei ungleichmäßigem Vorschub. Bei geringer Auflösung oder hohen Drehzahlmessfehlern muss die Drehzahlregelverstärkung gering gehalten werden. Neben der Auflösung und Genauigkeit spielen auch die Latenz und der Positionsjitter in der Regelung von Servomotoren eine große Rolle.

Die Latenz äußert sich dadurch, dass ein mechanischer Winkel zeitverzögert an der elektrischen Schnittstelle angezeigt wird. Entsprechend wird sie auch als Schleppfehler bezeichnet. Sie wird verursacht durch Laufzeiten innerhalb der gesamten Sensorauswertung. Dominierend ist hierbei die Gruppenlaufzeit von Filtern. In digitalen Systemen ist zusätzlich die Zeiten für die Signalwandlung und Winkelberechnung zu berücksichtigen. Bei den Filtern wird die Gruppenlaufzeit durch Filterbandbreite, -ordnung und -typ bestimmt. Typischerweise finden sich in der Signalverarbeitung Tiefpassfilter. Je tiefer die Grenzfrequenz dieser Filter, desto größer ist die Latenz.

Entsprechend werden eher breitbandige Filter eingesetzt, wodurch jedoch Störungen (insbesondere Rauschen) weniger unterdrückt werden. Die Latenz muss je nach Einsatzgebiet beachtet oder gar kompensiert werden. Neuere Entwicklungen bei Motor-Feedback-Systemen zielen darauf ab, die Latenz zu reduzieren, ohne dass auf Stör- und Rauschunterdrückung verzichtet werden muss. Je nach Ursprung der Latenz wirkt diese entweder als Totzeit oder als zusätzliches PT_1-Glied.[1] Dies ist insbesondere bei hohen Drehzahlen störend. Die Latenz sollte möglichst klein oder/und möglichst stabil über die Signalfrequenz (somit Drehzahl) sein. Die Werte der Latenz sind in der Regelschleife zu berücksichtigen (Kompensation der Phase oder Reduzierung der Reglerverstärkung), so dass der Regelkreis nicht instabil wird.

Übersetzt man das Wort Jitter sinngemäß zu flackern oder zittern deutet sich dessen Charakter in der Messtechnik an. Es beschreibt eine zeitliche Variation im Messsignal. Im Fall von Motor-Feedback-Systemen, insbesondere solchen mit digitaler Schnittstelle, wird er durch die stets vorhandenen Toleranzen (Asymmetrien im Modulator, Jitter von Taktquellen, etc.) verursacht. Diese Eigenschaft äußert sich dadurch, dass ein Motor-Feedback-System mit perfekten und rauschfreien Signalen, dessen Welle mit einer konstanten Geschwindigkeit gedreht wird, eine Variation in der Geschwindigkeit anzeigt. Aus regelungstechnischer Sicht sollte auch dieser Wert möglichst gering sein, d. h. die Rotorlagewerte sollten möglichst jitterfrei mit dem Reglerzyklus synchronisiert sein.

Neben den eigentlichen sensorischen und signaltechnischen Anforderungen ergeben sich aus der Anwendung weitere anspruchsvolle Betriebsbedingungen an Motor-Feedback-Systeme.

Synchronmotoren sind im Grunde elektromechanische Konstruktionen, deren Betriebstemperatur typischerweise durch die Isolationsklasse der verwendeten Spulendrähte limitiert wird (nach IEC 34-1). Bei Synchronmotoren kommen Drähte zum Einsatz die bis zu +155 °C spezifiziert sind (Isolationsklasse F). Entsprechend hoch sind die Temperaturanforderungen an Motor-Feedback-Systeme. Da Resolver ebenfalls elektromechanische Konstruktionen sind, deren elektronische Auswertung außerhalb des Motors vorgenommen wird (RDC im Umrichter) und die Drähte ebenfalls die Isolationsklasse F erfüllen, können diese über den vollen Betriebstemperaturbereich des Motors eingesetzt werden. Bei mechatronischen Motor-Feedback-Systemen begrenzt jedoch die Elektronik deren Temperaturbereich und somit die des Motors. Heute möglich sind MFB mit Elektronikbauteilen mit einer Umgebungstemperatur bis zu +125 °C. Für die Temperaturspezifikation der Geräte sind die Eigenerwärmung der der Elektronik

---

[1] Ein PT_1-Übertragungsglied hat ein proportionales Übertragungsverhalten (P) mit einer Verzögerung 1. Ordnung (T_1). Beispiel: Tiefpass erster Ordnung.

und ggf. der vorhandenen Lager zu berücksichtigen. Bei der Auswahl der Lager ist unter anderem zu entscheiden, ob eine Dichtscheibe zum Einsatz kommt. Dichtscheiben reduzieren zwar das Verschmutzungsrisiko, erhöhen aber die Eigenerwärmung durch drehzahlabhängige Reibung. Da Motoren auch in sehr kalten Umgebungen eingesetzt werden (z. B. Außenbereich, Kühlhäuser) sind auch sehr niedrige Temperaturen für die Motor-Feedback-Systeme zu berücksichtigen (ein Motor muss in kalter Umgebung zuverlässig gestartet werden können). Somit ergeben sich Betriebstemperaturspannen von über 100 K, denen das Motor-Feedback-System ausgesetzt ist. Entsprechend werden Materialien, Komponenten und Fügetechniken eingesetzt, die diese Temperaturspanne ermöglichen und dabei eine möglichst kleine Temperaturdrift bzw. -ausdehnung aufweisen.

Neben der Temperatur sind weitere harsche Betriebsbedingungen in der Servotechnik zu finden. So können Motoren Schock- und Vibrationsbelastungen von mehreren Dutzend g[2] ausgesetzt sein (z. B. Pressen). Neben dieser anwendungsinduzierten Grundbelastung generiert der Motor selbst Schocks und Vibrationen. Ist ein Motor mit einer elektromechanischen Bremse ausgestattet, so übertragen sich Schockwellen über den Rotor direkt auf die Welle des Motor-Feedback-Systems. Diese sind zwar eher kurz und wenig energiereich, generieren aber Amplituden von mehreren hundert g. Auch schnelle Reversierzyklen mit hohen Beschleunigungen erhöhen die Schock- und Vibrationsbelastung im Motor. Neben der Anforderung nach hohen Beschleunigungswerten müssen die Motor-Feedback-Systeme auch für hohe Drehzahlen ausgelegt sein. Hier besteht die Forderung nach 12.000 UPM – Tendenz steigend. Hinzu kommen Schmutz und ggf. Kondensationsnässe, aber auch durch Fettaustritt bei eigengelagerten Drehgebern. Dabei kann Schmutz auch durch den Motor selbst in Form von Bremsstaub generiert werden und sich Kondensationsnässe im Geberraum des Motors bilden.

Für solche Betriebsbedingungen sind Resolver gut geeignet. Jedoch sind diese nachteilig einerseits hinsichtlich ihres Totzeitverhaltens (Latenz, siehe oben) und andererseits aufgrund der geringen Genauigkeit und Auflösung, so dass sie bevorzugt für Servoantriebe im unteren Performanzbereich eingesetzt werden. Bei mechatronischen Drehgebern wirkt sich vor allem der eingeschränkte Temperaturbereich limitierend aus. Die hohe Vibrationsfestigkeit kann mittlerweile durch Vermeidung relevanter Resonanzfrequenzen und geräteinterner Konstruktionsmassnahmen realisiert werden.

Ein weiterer Aspekt, der sich aus der thermischen Betrachtung ergibt ist die Wellenausdehnung. Heizen sich Motoren auf oder kühlen diese ab, so kommt es zu thermisch induzierter Dehnung oder Stauchung. In Motoren führt dies zu einer relativen Längenänderung zwischen der Welle und dem Stator. Entsprechend wird

---

[2] Erdbeschleunigung mit $9,81 \ m/s^2$.

von den zwei Wälzlagern im Motor eines fest eingebaut (Festlager) und das andere flexibel (Loslager), da sonst mechanische Spannungen auftreten. Demgegenüber können Motor-Feedback-Systeme nur begrenzt Anbautoleranzen und Änderungen der axialen, mechanischen Lage der Welle ausgleichen. Entsprechend wird typischerweise das Festlager auf die B-Seite des Motors gelegt, d. h. die Seite des Motors an der das Motor-Feedback-System angebaut wird. Somit reduziert sich die Wellenausdehnung an der MFB-Welle im Betrieb. Hohlwellengeber bieten hier den Vorteil, dass bei ihnen Anbautoleranzen eine untergeordnete Rolle spielen und somit nur die thermisch verursachte Wellenausdehnung zu beachten ist, was wieder dazu führen kann, dass das Festlager auf der A-Seite des Motors (Lastseite) angeordnet werden kann.

Eine weitere besondere Betriebsbedingung, der Motor-Feedback-Systeme ausgesetzt sind, sind Lagerströme. Lagerströme bezeichnen das Phänomen, dass elektrische Ströme durch ein Kugellager fließen. Diese Ströme werden durch parasitäre elektrische Spannungen zwischen Rotor und Stator erzeugt. Sie können in Antriebssystemen mit Frequenzumrichter durch Effekte aus der Ansteuerung der Motorwicklungen mit PWM-getackteten Spannungen entstehen. Da sich die resultierenden modulierten Spannungen zwischen Stator und Rotor des Motors aufbauen, ist der einzige Weg der Entladung über die Wälzlager. Es kommt zu Spannungsdurchbrüchen und Entladeströmen (Abb. 5.14).

In diesem Zusammenhang ist es sinnvoll Wälzlager elektrisch zu betrachten. Erstellt man ein Ersatzschaltbild eines Wälzlagers zeigt sich, dass dieses ein komplexes Netzwerk aus Widerständen (R), Kapazitäten (C) und Induktivitäten (L) darstellen, deren Werte von vielen Faktoren abhängen. Dazu zählen die Lagergeometrie, die Drehzahl, die Temperatur und die Dicke des Schmierfilms. Abb. 5.15 zeigt eine Vereinfachung auf ein RC-Netzwerk. Selbstverständlich trifft dieses Phänomen sowohl auf die Wälzlager der Motor-Feedback-Systeme wie auf die der Motoren zu. Als Abstellmaßnahme können isolierend wirkende Wälzlager oder Ableitringe vorgesehen werden. Nichts ist aber so effektiv und womöglich auch kostengünstig als der Ursache, d. h. den Rotor-Stator-Spannungen, entgegen zu wirken.

5.3.2   Elektrische Schnittstellen

Nicht nur für die Motor-Feedback-System-Geräte als solches gelten besondere Anforderungen, sondern auch an deren elektrische Schnittstelle. Bei einer Regelung kommt es darauf an, zu jeder Zeit (zumindest im Abtastzeitpunkt gemäß dem Reglertakt) einen gültigen Rotorlagewert zu erhalten. Dies führt zu einer hohen Echtzeitanforderung aber auch zu der Forderung nach einer hohen Immunität auf Störsignale, denen die Leitungen ausgesetzt sind. Daher werden auch im Motor-

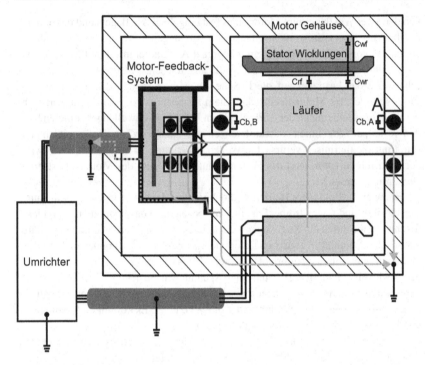

Abb. 5.14 Lagerströme in einem Elektromotor

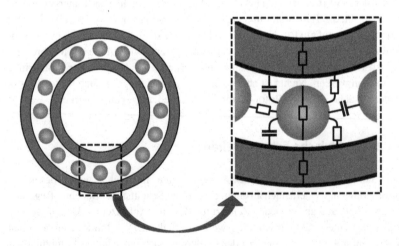

Abb. 5.15 Kugellager mit elektrischem Ersatzschaltbild

Feedback-System-Bereich ausschließlich differentielle Adernpaare für die Signalleitungen verwendet. Verbreitet sind in der Antriebstechnik Punkt-zu-Punkt Verbindungen, d. h. von einem Umrichter zu einem Motor (Mehrachsregler haben auch je einen Leistungselektronikblock für jeden Achsmotor). Somit ist auch die elektrische Verbindung zwischen Umrichter und Motor-Feedback-System eine von Punkt zu Punkt. Eine Busfähigkeit ist typischerweise nicht erforderlich (prominente Ausnahme ist die Robotik). In der weiteren Ausprägung der elektrischen Schnittstelle unterscheidet man zwischen solchen für die reine Drehzahlermittlung, Kommutierung (ggf. mit Drehzahlerfassung) und denen zur Erfassung einer Absolutposition zur Ableitung von Kommutierungs-, Positions- und Drehzahlinformation.

Die elektrische Schnittstelle des Resolvers ist in gewissem Sinne speziell und definiert sich durch sein Wirkprinzip und nicht durch die Eigenschaften aufbereiteter Rotorlagesignale. Im Antriebssystem ist im Motor nur der elektromechanische Resolver verbaut und der Resolver-Digital-Wandler (RDC) im Umrichter integriert. Entsprechend hat ein Resolver Leitungen mit sechs Adern, die sich auf drei differentielle Signalpaare aufteilen. Zwei für das Anregesignal und je zwei für die sinus- und cosinusförmig amplitudenmodulierten Empfängersignale. Die elektrischen Parameter definieren sich durch die Spezifikation des Resolvers (insbesondere Induktivitäts- und Widerstandswerte) sowie des RDC.

Klassische Schnittstellen mit ABZ-Inkrementalsignalen kommen auch bei Motor-Feedback-Systemen zum Einsatz, z. B. für die Geschwindigkeitsregelung von Asynchronmotoren. Elektrisch setzen diese bei den digitalen Versionen auf HTL- oder TTL-Signale oder bei den analogen auf Sinussignale. Benötigt werden somit acht Adern – sechs für die differentiellen ABZ-Signale und zwei für die Versorgung. Für den Einsatz mit Kommutierungsmotoren (z. B. BLDC) werden die Inkrementalsignale noch durch digitale Kommutierungssignale ergänzt. Die Zahl der Adern erhöht sich somit auf mindestens 14. Braucht die Drehzahl bei diesen Motortypen nicht so genau geregelt werden, gibt es auch Motor-Feedback-Systeme nur mit Kommutierungssignalen.

Eine weitere Kombination die verwendet wird, ist die aus inkrementellen Sinus-Cosinus-Signalen und einer digitalen seriellen Kommunikationsschnittstelle. Diese werden auch als hybride Schnittstelle bezeichnet, da sie analoge und digitale Signale kombinieren. Der serielle Datenkanal wird dabei als Parameterkanal und der Sinus-Cosinus-Zweig als Prozesskanal bezeichnet. Man findet diese bei Motor-Feedback-Systemen für den Einsatz zur Kommutierung, Positions- und Drehzahlregelung und damit typischerweise bei hoch performanten Antriebssystemen mit Permanentmagnet-Synchronmotoren. Bei dieser Art elektrischer Schnittstelle gibt es unterschiedliche, meist proprietäre (firmeneigene) Spezifikationen. Beispielhaft sei hier die HIPERFACE-Schnittstelle stellvertretend für hybride Motor-Feedback-System-Schnittstellen detaillierter erläutert [11].

HIPERFACE (engl.: „High Performance Interface") nutzt acht Leitungen – je zwei für die Sinus-Cosinus-Signale, zwei für die serielle Kommunikationsleitung und zwei für die Stromversorgung. Die analogen Sinus-Cosinus-Signale werden als Inkrementalsignale für eine hochaufgelöste Winkelbestimmung mit Echtzeiteigenschaften genutzt. Die Anzahl der Sinus-Cosinus-Perioden variiert dabei abhängig vom Gerätetyp, meist bedingt durch die Sensorik. Die serielle digitale Kommunikation basiert auf dem RS-485-Standard. Daten werden asynchron im Halbduplex-Betrieb bidirektional übertragen. Der Frequenzumrichter agiert als Master, das Motor-Feedback-System als Slave. Über diesen Kanal wird primär eine Absolutposition übertragen. Diese wird MFB-intern mit fünf Bit pro Sinus-Cosinus-Periode aufgelöst. Dies ist relativ gering, reicht aber aus um dem Umrichter die aktuell gültige Sinus-Cosinus-Periode anzuzeigen (vgl. Synchronisation, Abschn. 2.4.3). Fordert der Umrichter mit einem entsprechenden seriellen Befehl eine Absolutposition an, so wird diese intern synchron mit der ersten Flanke der Rückantwort abgetastet und bis zur Übertragung des eigentlichen Positionsworts berechnet. Triggert der Umrichter synchron mit dieser Flanke seine AD-Wandler, so stimmen die von den beiden Teilsystemen erfassten Werte mit einer Winkelposition überein. Diese Konvention ermöglicht eine Absolutpositionserfassung nicht nur im Stillstand, sondern auch bei hoher Drehzahl. Die Zeit die vergeht bis dem Eingang der Regler ein neuer Positions- und Drehzahlwert zur Verfügung steht ist dem Umrichter bekannt und er kann bei Bedarf die dann gültige Rotorlage extrapolieren. Für den Umrichter stellt dies eine Echtzeit-Erfassung der Rotorlage dar.

Die Auflösung eines Systems mit Singleturn-MFB wird bestimmt durch die Anzahl der Sinus-Cosinus-Perioden und dem Auflösevermögen der Analog-Digital-Wandler des Frequenzumrichters. Die Gesamtauflösung ergibt sich aus der Anzahl der Sinus-Cosinus-Perioden in Bit, der Auflösung der AD-Wandler plus zwei Bit die der Interpolation zugeschrieben werden (vgl. Gl. 2.4). Für eine effektive Auflösung gilt es das Rauschen im System (Motor-Feedback-System, Leitung, Umrichter) noch zu berücksichtigen.

Beispiel

Ein Antriebssystem verwendet ein Motor-Feedback-System mit 1024 Sinus-Cosinus-Perioden pro Umdrehung. Der Umrichter nutzt einen 10-Bit Analog-Digital-Wandler für die Digitalisierung der Sinus-Cosinus-Perioden. Das System hat somit eine Auflösung von 22-Bit, bzw. einen Messschritt von 0,3 Winkelsekunden.

Wird der Antrieb mit einer Drehzahl von 12.000 Umdrehungen pro Minute betrieben, ergibt sich eine Signalfrequenz der Sinus-Cosinus-Signale von 204,8 kHz.

Die Positions- und Drehzahlregelung basiert allerdings nicht ausschließlich auf interpolierten Sinus-Cosinus-Signalen. Die interpolierte Winkelposition liefert eine hohe Winkelauflösung. Diese wird insbesondere im Stillstand und bei geringen Drehzahlen benötigt, also in Betriebszuständen wo eine hohe Drehzahlauflösung benötigt wird. Im Bereich hoher Drehzahlen ist es durchaus sinnvoll die Sinus-Cosinus-Signale als digitale Quadratursignale auszuwerten. Dazu werden sie über Komparatoren digitalisiert und wie rein digitale Inkrementalsignale behandelt (vgl. Abschn. 5.2.1) (Abb. 5.16).

Beispiel

Der Regler hat eine Abtastrate von 16 kHz. Im Motor befindet sich ein Motor-Feedback-System mit PPR = 1024. Ab einer Drehzahl von 937,5 UPM erfasst der Umrichter bei der Interpolation noch einen Punkt innerhalb einer Sinus-Cosinus-Periode, bei einer Drehzahl von 12.000 UPM noch alle 12,8 Perioden.

Hinweis: Es muss darauf geachtet werden, dass das Abtasttheorem nicht verletzt wird.

Die serielle Kommunikation ist mit einer Prüfsumme zur Erhöhung der Datenzuverlässigkeit gesichert. Dabei bietet der Parameterkanal neben der Übertragung einer Absolutposition noch mehr Funktionen. Der bidirektionale Datenaustausch ermöglicht über dedizierte Befehle des Umrichters die Konfiguration des MFB zu

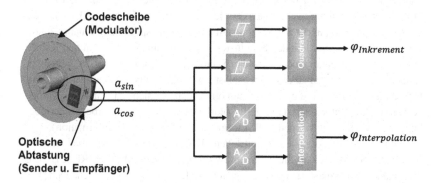

Abb. 5.16 Sinus-Cosinus-Auswertung in Antriebssystemen (Quelle: in Anlehnung an SICK STEGMANN GmbH)

ändern oder den Austausch verschiedenster Informationen. Folgend einige Beispiele möglicher Funktionen:

Beispiele

---

* Konfigurieren der Schnittstelle in Bezug auf, u. a. Baudrate, Parität oder Time-out.
* Abfragen des Typenschilds und der Seriennummer zur Identifikation des angeschlossenen MFB
* Speichern und auslesen motorspezifischer Daten über spezielle Bereiche eines EEPROMs (z. B. Seriennummer und Typ des Motors, Kommutierungsdaten)
* Lesen von Analogwerten, z. B. die interne Temperatur des MFB
* Arbeiten mit einem Zähler, der z. B. als Betriebsstundenzähler genutzt werden kann
* Rücksetzen des MFB (Soft-Reset).

Ähnliche Konzepte verfolgen weitere hybride Ausprägungen proprietärer (z. B. spezielle Ausprägungen von EnDat) oder offener (z. B. BiSS in Kombination mit Sinus-Cosinus-Signalen) Schnittstellen für Motor-Feedback-Systeme, sowie Kombinationen aus SSI (Abschn. 5.2.2.4) und analogen Inkrementalsignalen.

Rein digitale Schnittstellen bieten einige Vorteile – auch in der Antriebstechnik. Heutige Umrichter setzen auf die digitale Signalverarbeitung mit digitalen Signalprozessoren (engl.: „digital signal processor"; DSP) oder feldprogrammierbaren Logikbausteinen (engl.: „field programmable gate arrays"; FPGA). Der Einsatz zusätzlicher Analogelektronik zur Verarbeitung (Signalkonditionierung, Filterung) und Digitalisierung wird bevorzugt so gering wie möglich gehalten. Auch ist die Störempfindlichkeit digitaler Signale deutlich geringer als bei analogen. Um aber die Echtzeitanforderung in der Servotechnik zu erfüllen sind spezielle Maßnahmen notwendig. Kann bei rein digitalen Schnittstellen die Anzahl der Adern in den Kabeln gegenüber inkrementalen oder hybriden Schnittstellen reduziert werden, gelten besondere Anforderungen an das Kabel selbst, da die Datenraten typischerweise deutlich höher sind. Um diese nicht unnötig hoch wählen zu müssen, werden vorverarbeitete Daten übertragen, z. B. Rotorlagewerte. Die Vorverarbeitung ermöglicht dabei weitere Funktionen (z. B. Linearisierung der Rotorlageinformation).

Auch bei den rein digitalen Schnittstellen für Motor-Feedback-Systeme herrschen proprietäre Standards vor. Stellvertretend wird an dieser Stelle HIPERFACE DSL (engl.: „High Performance Interface – Digital Servo Link") detaillierter beschrieben [12]. Bei dieser Schnittstelle erfolgt die Übertragung über vier Adern, je zwei für die Versorgung und die Datenleitung. In spezieller Ausprägung reichen auch zwei Adern aus. Dabei wird der Kommunikationskanal auf das Versorgungsleitungspaar aufmoduliert. Die Schnittstelle hat eine Datenrate von 9,375 MBaud und ist kompatibel zum RS-485-Standard. Diese geringe Datenrate ist deshalb möglich, da die Vorverarbeitung der Rotorlage über die Interpolation hinausgetrieben wird. Die eigentliche Position wird verhältnismäßig langsam übertragen, schnell aber die Positionsänderung. In Summe ergibt sich eine schnelle, echtzeitrelevante Positionsübertragung. Die Positionsübertragung kann so schnell wie möglich erfolgen oder synchronisiert zum Reglertakt und bietet eine sehr jitterarme Positionserfassung. Theoretisch sind Reglerzyklen bis 12,1 µs möglich, der Jitter liegt im Bereich einiger Nanosekunden und die Latenz der Erfassung ist konstant und wird MFB-intern ausgeglichen. Neben den Zusatzfunktionen die bei den hybriden Motor-Feedback-Schnittstellen genannt wurden, bieten die modernen digitalen Schnittstellen weitere:

Beispiele

- Bereitstellung eines Funktionsblocks für FPGAs für die einfache Umsetzung des Master-Protokolls im Umrichter.
- Redundante, sichere Positionsübertragung gemäß SIL2 oder gar SIL3 nach der IEC 61508.
- Übertragung zusätzlicher Sensordaten mit relativ großer Bandbreite (einige kBit pro Sekunde). Nutzbar, z. B. für den Wicklungstemperatursensor oder laterale Beschleunigungsaufnehmer.
- Verschiedene interne Zustände werden zyklisch erfasst und in einem Speicher als Histogramm für die Lebenszyklusdiagnose (engl.: „condition monitoring") des MFB und vorausschauende Wartung (engl.: „preventive maintainance") des Motors gespeichert. Dies kann für Parameter wie Drehzahl oder MFB-Temperatur genutzt werden.

Weitere rein digitale Schnittstellen für Motor-Feedback-Systeme sind verschiedene Ausprägungen von EnDat und BiSS sowie DRIVE-CLiQ.

Antriebssysteme mit Motor-Feedback-System benötigen zwei Leitungsstränge. Der eine dient zur Übertragung der elektrischen Leistung an den Motor, der andere für die Anbindung des Motor-Feedback-Systems (Spannungsversorgung, Datenaustausch). Klassisch werden diese beiden Stränge als zwei separate Kabel zwischen Umrichter und Servomotor verlegt, was einen hohen Kostenfaktor darstellt und den Platzbedarf und die allgemeinen Anforderungen an die Kabelführung erhöht. Neue Entwicklungen erlauben die Kombination des Leistungsstrangs und des Strangs für das Motor-Feedback-System in einem Kabel. Die „Einkabeltechnologie" basierend auf HIPERFACE DSL ist dabei Vorreiter. Hier können die geschirmten Adern in das eine verbleibende hybride Leistungskabel eingebracht werden (siehe Abb. 5.17). Das Protokoll bietet dazu alle notwendigen Funktionen zur störsicheren Kommunikation.

Abb. 5.17 Servoantriebssystem mit
Einkabeltechnologie basierend auf
einem Motor-Feedback-System mit
HiperfaceDSL

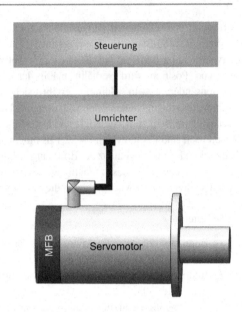

5.3.3 Anwendungen

Umrichtergespeiste, drehzahlveränderliche Antriebssysteme setzen auf unterschiedliche Motortypen. Der Motortyp definiert dabei die Ausprägung des Motor-
Feedback-Systems. An dieser Stelle wird auf den Einsatz an Asynchronmotoren,
in bürstenlosen Servomotoren (BLDC) und Permanentmagnet-Synchronmotor
(PMSM) eingegangen.

Asynchronmotoren können grundsätzlich ohne Umrichter, d.h. direkt am
Stromnetz betrieben werden. Sollen diese aber mit einer anderen Drehzahl betrie-
ben werden als die die sich durch die Netzfrequenz ergibt, verwendet man einen
Frequenzumrichter. Werden sie als Servomotoren mit variabler Drehzahl verwen-
det, benötigt man einen Servoumrichter und ein hochauflösendes Motor-Feedback-
System. Genügen für die reine Drehzahlregelung Motor-Feedback-Systeme mit
Inkrementalsignalen, so werden für die Positionierung entweder Inkremental- oder
Absolutwertgeber benötigt, abhängig davon ob eine Referenzfahrt möglich ist oder
nicht. Die Geräte werden in der Regel an den Motor angebaut. Entsprechend sind
die Anforderungen an den Temperaturbereich nicht so hoch wie bei Einbaugebern.
Dafür ist eine höhere IP-Schutzart zu berücksichtigen. Typischerweise werden Ge-
räte mit Aufsteck- oder Durchsteckhohlwelle und Statorkupplung verwendet.
Durchsteckhohlwellen kommen dann zum Einsatz, wenn es sich um einen Motor

mit Fremdbelüftung handelt und das Motor-Feedback-System zwischen dem eigentlichen Motor und dem Lüfterrad positioniert wird. Hierbei sind höhere Anforderungen hinsichtlich Verschmutzung zu beachten. Nützlich sind programmierbare Drehgeber, die in Auflösung und elektrischem Spannungspegel flexibel an das Antriebssystem und die Anwendung angepasst werden können.

Für bürstenlose Servomotoren werden Kommutierungsgeber eingesetzt. Dies sind spezielle Inkremental-Motor-Feedback-Systeme. Die Kommutierungssignale zeigen dem Umrichter an, mit welcher elektrischen Polung die drei Phasen des Motors zu bestromen sind, wodurch eine gleichmäßige Drehbewegung gewährleistet wird. Entsprechend liefert ein Kommutierungsgeber drei rechteckförmige Signale, die z.B. mit R, S und T bezeichnet werden. Diese sind um 120° elektrisch phasenverschoben und haben typischerweise ein Puls-Pausen-Verhältnis von 1:1. Die Anzahl der elektrischen Perioden pro Umdrehung ist direkt mit der Anzahl der Polpaare des Motors gekoppelt, so benötigt z.B. ein Motor mit zwei Polpaaren einen Kommutierungsgeber mit zwei elektrischen Perioden pro Umdrehung. Im einfachsten Fall tasten drei Hall-Sensoren das magnetische Feld der Rotormagnete ab. Einfache Kommutierungsgeber arbeiten mit magnetischen bzw. induktiven Sensoren und einem mehrpoligen Magneten bzw. einem Pol-Zahnrad. Für Anwendungen mit höheren Anforderungen an die Drehzahlregelung ist die Auflösung der Kommutierungssignale nicht ausreichend. Dann kommen Kommutierungsgeber mit zusätzlichen Inkrementalsignalen höherer Auflösung zum Einsatz. Soll mit dem bürstenlosen Servomotor auch positioniert werden, so braucht der Kommutierungsgeber zusätzlich zu den RST-Signalen noch einen Nullimpuls. Ist die dann erforderliche Referenzfahrt anwendungsseitig nicht möglich, kommt alternativ ein absolutes Motor-Feedback-System zum Einsatz, wie sie für PMSM angeboten werden. In diesem Fall leitet der Umrichter die Kommutierung aus der absoluten Winkelinformation ab. Bei manchen Kommutierungsgebern mit RST-Signalen arbeiten Absolutgeber im Hintergrund. Diese Geräte ermöglichen es, die Lage der Kommutierungssignale elektronisch zur Lage des magnetischen Felds zu orientieren. Dies geschieht bei der Inbetriebnahme des Motors, bei der Ermittlung des Kommutierungsoffsets, der in das elektronische Typenschilds des Motor-Feedback-Systems einprogrammiert werden kann.

Arbeiten bürstenlose Servomotoren mit einer blockförmigen Stromkommutierung, so werden Permanentmagnet-Synchronmotoren aufgrund ihrer sinusförmigen Energieflußdichte im Luftspalt auch mit sinusförmigen Strömen angeregt. Auf diese Weise arbeiten PMSM deutlich energieeffizienter und weisen eine geringere Welligkeit des Drehmoments auf. Denn ein besonderes Merkmal von Servoantrieben mit Synchronmotoren ist ein konstantes Drehmoment über eine mechanische Umdrehung bei beliebiger Drehzahl. Dies führt zu besonderen

Anforderungen an das Antriebs- und das Motor-Feedback-System. Die Vektorregelung kommt zum Einsatz und es werden hochauflösende, absolute Motor-Feedback-Systeme für die sinusförmige Kommutierung benötigt.

Bei der Vektorregelung werden die Größen für Spannung, Strom und Fluss in unterschiedlichen Koordinatensystemen als Vektoren (Raumzeiger) dargestellt. Ziel der Regelung ist eine verbesserte Drehzahl- und Positioniergenauigkeit gegenüber einer klassischen Regelung. Auch lässt sich der Wirkungsgrad des Antriebssystems erhöhen. Die Wechselgrößen in diesem Modell folgen der Frequenz der Pole (nicht des Rotors). Für die hoch performante Berechnung der Vektorphasen bedarf es hochauflösender Motor-Feedback-Systeme. Wird die Vektorregelung bei elektrischen Antrieben verwendet, wird sie auch als feldorientierte Regelung bezeichnet. Mit entsprechenden Modellen in der Berechnung lässt sich die Vektorregelung auf alle drehzahlgeregelten Motortypen anwenden.

Wie in Abschn. 2.5.2 bereits beschrieben hat die differentielle Nichtlinearität von Motor-Feedback-Systemen großen Einfluss auf die Ermittlung einer Drehzahl und somit in der Drehzahlregelung. Dabei ist nicht nur auf die Amplitude der differentiellen Nichtlinearität zu achten, sondern auch auf die Ordnungen und somit die sich ergebenden Frequenzen. Fehleranteile hoher Ordnung werden bei hoher Drehzahl aufgrund der begrenzten Abtastfrequenz der Winkelerfassung in der Regelung nicht richtig erfasst. Das Shannon-Theorem wird verletzt und es treten durch Aliasing-Effekte zusätzliche niederfrequente Störanteile auf, die in der Antriebsregelung wesentlich mehr stören als es das eigentliche hochfrequente Signal würde (Antriebssystem hat hier eine große Dämpfung). Entsprechend sind Tiefpassfilter auch im Drehzahlregelkreis vorzusehen. Das reduziert auch andere hochfrequente Störeffekte wie z. B. Drehzahlrauschen.

Besondere Anforderungen gelten auch für Motor-Feedback-Systeme im Einsatz von Torquemotoren. Diese Motoren sind Permanentmagnet-Synchronmotoren mit einer hohen Anzahl von Polen. Sie werden als Direktantriebe eingesetzt, d. h. sie werden ohne zwischengelagertes Getriebe direkt an die Last angeflanscht. Diese Motoren sind für geringe Drehzahlen und hohe Drehmomente ausgelegt, im Gegensatz zu nicht direktantreibenden Servomotoren, welche hoch drehen können aber ein geringeres Drehmoment zur Verfügung stellen. Hier übernimmt das Getriebe die Umsetzung von Drehzahl auf das Drehmoment entsprechend seinem Übersetzungsverhältnis gemäß der Beziehung:

$$i = \frac{M_1}{M_2} = \frac{n_2}{n_1} \tag{5.2}$$

(i: Übersetzungsverhältnis; M_1, M_2: antriebs- und abtriebsseitiges Drehmoment in [Nm]; n_1, n_2: antriebs- und abtriebsseitige Drehzahl in [1/min])

Ein Torquemotor hat einen verhältnismäßig großen Durchmesser und eine hohe Anforderung an die Genauigkeit (insbesondere die differentielle) des MFB, da es direkt auf die Anwendung wirkt. Ungenauigkeiten in getriebebehafteten Antrieben werden teilweise durch Toleranzen im System und das Getriebespiel kaschiert. Als Motor-Feedback-System kommen meist solche mit großer Hohlwelle zum Einsatz. Wobei der große Durchmesser des Geräts und somit des Modulators der Genauigkeit zu Gute kommt.

Da sich bereits ein hochauflösendes, absolutes Motor-Feedback-System in einem PMSM angetriebenen Antriebssystem befindet verzichtet man, wenn es die gesamte Übertragungskette zulässt (begrenzt, z. B. durch mechanisches Spiel), auf einen zusätzlichen Lastgeber für Positionierungsaufgaben. Einen weiteren Mehrwert bieten Motor-Feedback-Systeme mit Zusatzfunktionen. Viele Motor-Feedback-Systeme überwachen intern deren Temperatur. Dieser Temperaturwert kann dem Umrichter zur Verfügung gestellt werden. Hat dieser Sensor eine ausreichende Genauigkeit, ermöglicht dies Antriebssystemherstellern auf Basis geeigneter Modelle anhand der Gebertemperatur auf die Wicklungstemperatur zu schließen. Ein dedizierter Wicklungstemperatursensor und dessen Verkabelung lassen sich einsparen. Das sogenannte elektronische Typenschild hat in Antriebssystemen eine hohe Bedeutung. In einem geberinternen nichtflüchtigen Speicher können nutzerseitige Bereiche für Motorkenndaten (z. B. Seriennummer) oder -parameter (z. B. Kommutierungsdaten) hinterlegt und jeder Zeit ausgelesen werden (siehe oben).

Analog zu den Encodern gilt auch für die Motor-Feedback-Systeme, dass es unzählige Einsatzgebiete gibt. Einige sollen hier beschrieben werden, wobei auch diese Auflistung bei weitem nicht vollständig sein kann.

Unterschiedliche Schwerpunkte in der Auslegung eines Antriebssystems für eine Anwendung führen zu einer projektspezifischen Auswahl der Komponenten und somit indirekt des Motor-Feedback-Systems. Diese werden nicht direkt durch den Endanwender (Maschinen- oder Anlagenbauer) beschafft, sondern nur indirekt über den Hersteller von Servomotoren. Der verbaut den Drehgeber während der Motorenherstellung und nimmt ihn zusammen mit dem Motor in Betrieb. Dabei werden ggf. auch relevante Daten des Motors in das elektronische Typenschild des Motor-Feedback-Systems eingetragen, was eine spätere Inbetriebnahme des Motors in der Anwendung erleichtert. Dies wäre ein erster Hinweis worauf bei der Auswahl eines Motor-Feedback-Systems geachtet werden kann.

Wie so oft, spielt auch bei der Auswahl des Antriebssystems die erreichbare Performanz eine herausragende Rolle. Die Anwendung definiert die Erwartung nach Auflösung und Genauigkeit des Motor-Feedback-Systems. Um darauf einzugehen, bieten Motor-Feedback-System-Hersteller oft Geräte unterschiedlicher Performanzklassen an. Viele Motorenhersteller haben sich darauf eingestellt und gestalten deren Geberaufnahmen so, dass in einer Motorenbaureihe unterschiedlich performante Drehgeber eingebaut werden können und die Anwendung dann definiert, mit welchem Gerät der Motor versehen wird. Mit der Wahl der Performanzklasse des Motor-Feedback-Systems wird auch dessen Preis bestimmt (wen wundert es) – je besser desto teurer. Die Unterteilung der Performanzklassen kann in drei Stufen erfolgen: Highend, Midrange und Lowend.

Drehzahlveränderliche Antriebe haben viele Einsatzgebiete. Geregelte Asynchronmotoren (oder auch Synchron Reluktanzmotoren) werden in Pumpen, Lüftern (oder HVAC-Anwendungen allgemein; engl.: „heating, ventilation, air conditioning"), Kompressoren, Mischern, Zentrifugen eingesetzt, um nur einige zu nennen. Durch den Einsatz geregelter Systeme erhöht sich die Energieeffizienz deutlich. Dies ist auch notwendig mit Hinblick auf die IE-Effizienzklassen (Einteilung gemäß IEC-Norm 60034-30-1). So lassen sich je nach Anwendung beim Betrieb von Asynchronmotoren mit Frequenzumrichtern 50% oder mehr der Energiekosten gegenüber einem ungeregelten Antrieb einsparen. Die höheren Kosten für das Antriebssystem (Motor plus Umrichter und Motor-Feedback-System) können sich schnell amortisieren. Aufgrund des deutlich höheren Wirkungsgrades und des ohnehin notwendigen Regelbetriebs sind PMSM deutlich effizienter als Asynchronantriebe.

Lowend-Applikationen aus Sicht der Antriebstechnik die mit Permanentmagnet-Synchronmotoren finden sich in der Papierindustrie (Schneide- und Falzmaschinen), Servohydrauliksystemen und auch bei HVAC-Anwendungen.

In den Midrange-Bereich werden Verpackungsmaschinen, Werkzeugmaschinen (für die Motorregelung nicht die Positionierung) oder Handlingsysteme eingeordnet. Auch Maschinen wie Sortieranlagen für Briefe und Pakete sowie Karusselle zur Abfüllung oder Etikettierung lassen sich hier einordnen.

Zu den Highend-Anwendungen zählen Druckmaschinen, bei denen die mechanische Königswelle immer öfter durch eine elektronische ersetzt wird. Die Königswelle dient zur Synchronisation der Geschwindigkeiten der einzelnen Achsen in der Anlage. Auch die Halbleiterindustrie hat sehr hohe Anforderungen an Servo-Antriebe. Zwar werden solche mit typischen Motor-Feedback-Systemen nicht dort eingesetzt, wo höchste Präzision gefordert ist (z. B. Lithographieprozess), sondern in der Handhabung von Wafern. Bei Schleifmaschinen kommt es auf einen guten Gleichlauf an.

Anspruchsvolle Anforderungen finden sich auch in Anwendungen mit koordinierten Bewegungen. Dazu müssen mehrere Antriebe tadellos zusammenwirken, dass sie eine gemeinsame Aufgabe, meist mit Wirkung in mehreren Raumrichtungen, erfüllen. Bekannte Beispiele finden sich in der Handhabungstechnik mit linear wirkenden „Pick-and-Place"-Portalen oder sogenannten Tripoden (Maschine mit drei Antrieben zur Ausführung von Bewegungen in sechs Freiheitsgraden). Zu einer weiteren Gruppe von Anwendungen zählen elektronische Kurvenscheiben sowie Querschneider oder fliegende Sägen (das Schnitt- bzw. Sägegut ist während des Schneidevorgangs in einer Vorwärtsbewegung). Die bekanntest Anlage die koordinierte Bewegungen ausführt ist aber sicher der (Mehrachs-) Roboter. Bei vielen dieser Anwendungen spielt die Reproduzierbarkeit oft eine wichtigere Rolle als die absolute Genauigkeit.

Weitere Anwendungsbereiche für die Servotechnik sind Förderantriebe, Gleichlaufantriebe, Positionierantriebe, Fahrantriebe, Formantriebe, Wickelantriebe und Hubantriebe. Interessant ist ein Trend in der Antriebstechnik wonach Pneumatik- und Hydraulik durch Torquemotoren ersetzt werden.

5.3.4 Geberlose Antriebssysteme

An dieser Stelle soll ein technischer Trend nicht übergangen werden. Verstärkt findet der geberlose Ansatz den Weg aus der Wissenschaft in die Industrialisierung. Ziel hierbei ist es einen Motor ohne Motor-Feedback-System zu regeln. Die Information zur Kommutierung und Drehzahlregelung des Motors wird durch Strom- und Spannungsmessungen am Motor und anspruchsvolle Algorithmen gewonnen (Abb. 5.18). Der Motor wird selbst Teil der Sensorik. Strom- und Spannungssensoren sind meist Bestandteil eines elektrischen Antriebssystems müssen aber, je nach erforderlicher Performanz, angepasst werden (z. B. schnellere Stromsensoren). Da Sensorik in diesem Ansatz benötigt wird, wird an dieser Stelle der Begriff „geberlos" (engl.: „encoderless") bevorzugt, während in der Literatur oft von sensorlosen Systemen (engl.: „sensorless") die Rede ist. Verschiedene Verfahren kommen in der Praxis zum Einsatz.

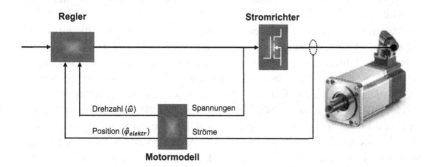

Abb. 5.18 Blockschaltbild eines geberlosen Antriebssystems (Quelle: in Anlehnung an SICK STEGMANN GmbH)

Die einfachste Methode ist die EMK-Methode (elektromotorische Kraft). Durch Messung der induzierten Gegenspannung eines sich drehenden Motors anhand der gemessenen Statorströme und den angelegten Statorspannungen kann die Drehzahl abgeschätzt werden ($\omega \propto U_{EMK}$). Dieses Verfahren wird eingesetzt, wenn ein Rotor schnell auf Drehzahl gebracht werden kann und bei höherer Drehzahl arbeitet. Dieser Ansatz wird neuerdings auch durch Hersteller von Prozessoren unterstützt. Sie geben Applikationsunterstützung durch Dokumente und Programmbibliotheken. Auch wenn Antriebe damit schnell in Betrieb genommen werden können muss vorsichtig abgewägt werden, ob die erreichbare Systemgüte in der Anwendung ausreicht.

Die anderen bekannten Methoden setzen auf Anisotropien des zu regelnden Motors. Wie schon bei den AMR-Elementen beschrieben, versteht man unter Anisotropie eine Richtungsabhängigkeit einer physikalischer Eigenschaften. In Bezug auf Elektromotoren bezieht sich der Begriff auf die Rotorlageabhängigkeit von Motorparametern. In Motoren ergeben sich Anisotropien u. a. durch Sättigungseffekte, Rotorexzentrizität oder eine asymmetrische Rotorstruktur. Sie wirken sich auf die magnetischen Eigenschaften in Abhängigkeit der Rotorlage aus und sind unabhängig von der Drehzahl. Somit kann auf Basis geeigneter Modelle eine Regelung auch für kleine Drehzahlen bis zum Stillstand realisiert werden. Die Modelle werden gespeist mit gemessenen Strömen und Spannungen. Zur besseren Messung der Effekte werden Testsignale in die Wicklung des Motors eingeprägt und die Rückwirkung dieser erfasst. Dieser Fall lässt sich interpretieren als würde der Motor nicht nur als Antrieb, sondern auch als Resolver eingesetzt. Für diese Verfahren eignen sich manche Motortypen besser als andere. Auch werden Motoren auf geberlose Verfahren hin optimiert, was sich allerdings nachteilig auf die Qualität der eigentlichen Funktion des Motors, d. h. der Drehmomentbildung, auswirken kann.

Praktische Umsetzungen verwenden beide Methoden. Verfahren, die auf Anisotropien des Motors basieren, werden vom Stillstand bis ca. 10 % der Nenndrehzahl verwendet (Zahlenwert als Orientierung, in der Praxis abhängig von der Implementierung im Umrichter). In diesem Bereich generiert der Motor eine geringe EMK, so dass der Motor nicht sinnvoll geregelt werden kann (Drehzahlregler ist „blind"). Bei höheren Drehzahlen steht ausreichend EMK zur Verfügung und das System kann auf dessen Wert geregelt werden. Ein zweistufiges Vorgehen hat den Vorteil, dass die positiven Eigenschaften des Anisotropie-Verfahrens, d. h. Regelung von kleinen Drehzahlen und der EMK-Methode, d. h. den geringeren Rechenzeitbedarf nutzt. Beachtet werden muss, dass bei der Umschaltung zwischen den Verfahren keine Umschalteffekte entstehen.

Die geberlose Technologie ist durch konstruktive und wirtschaftliche Gründe motiviert. Ein Motor-Feedback-System braucht Platz und Verkabelung, wird montiert, kostet Geld und kann gegebenenfalls ausfallen. Ziel geberloser Implementierungen sind energieeffiziente, drehzahlgeregelte elektrische Antriebe für kostensensitive Anwendungen. Diese geberlosen Ansätze haben allerdings einen beschränkten Funktionsumfang gegenüber geberbehafteten:

Beispiele

- Geberlose Verfahren sind bestenfalls absolut innerhalb eines elektrischen Pols des Motors (keine Singleturn- oder gar Multiturn-Funktion). Da typische Motoren $\geq$ zwei Polpaare aufweisen, können Positionieraufgaben nur unzureichend realisiert werden.
- Der Winkelfehler beträgt mehrere elektrische Grad. Zu beachten ist allerdings, dass sich der Fehler mit der Anzahl der Motorpole skaliert, da sich eine elektrische Periode auf einen Motorpol bezieht. Je höher die Polzahl des Motors, desto genauer das System.
- Die Signale der Strom- und Spannungsmessung sind verrauscht, so dass die Reglerverstärkung nicht allzu groß gewählt werden kann, was zu einer geringeren Steifigkeit und Dynamik des Antriebs führt.
- Die erreichbare Performanz ist teilweise abhängig von individuellen, teilweise temperaturabhängigen Motorparametern.
- Motoren und Umrichter können bei den Anisotropie-Verfahren nicht beliebig gepaart werden. Dies bezieht sich nicht nur auf Motorbaureihen, sondern auch auf individuelle Motoren.
- Die Mehrwertfunktionen mechatronischer MFB können nicht genutzt werden, z. B. elektronisches Typenschild (vgl. Abschn. 5.1.3), Statusinformation, etc.

Es gibt einige Einsatzbereiche, für die die genannten Einschränkungen keine Rolle spielen bzw. toleriert werden können. Berücksichtigt werden geberlose Antriebssysteme beim Ersatz von ungeregelten Asynchronmotor-Antriebssystemen hin zu drehzahlgeregelten Asynchronmotor-Antriebssystemen oder gar von Antriebssystemen mit Permanentmagnet-Synchronmotoren niederer Performanz. Dort wo extreme Robustheit (z. B. Hochtemperatur, schmutzige Umgebungen) oder sehr hohe Drehzahlen gefragt sind, sind geberlose Systeme eine Option. Auch gibt es Überlegungen, geberbehaftete und geberlose Sensorik zur Realisierung von Redundanzansätzen zu kombinieren.

Literatur

1. Siraky J (1984) Anordnung zur seriellen Übertragung der Messwerte wenigstens eines Messwertwandlers. Europäisches Patent Nr. EP 0 171 579 B1, EPO, veröffentlicht am 09.03.1988
2. Börcsök J (2015) Funktionale Sicherheit – Grundzüge sicherheitstechnischer Systeme, 4. aktualisierte Aufl. VDE Verlag, Berlin
3. Apfelt R (2014) Sichere Positionsgeber ein muss?. funktionale sicherheit 6–11
4. SICK AG (2014) Leitfaden Sichere Maschinen. Waldkirch
5. Kiel E (Hrsg) (2007) Antriebslösungen – Mechatronik für Produktion und Logistik. Springer, Berlin/New York/Heidelberg
6. Schönfeld R, Hofmann W (2005) Elektrische Antriebe und Bewegungssteuerungen – Von der Aufgabenstellung zur praktischen Realisierung. VDE Verlag, Berlin
7. Weidauer J (2013) Elektrische Antriebstechnik, 3. Aufl. Publicis Publishing, Erlangen
8. Drury B (2009) The control techniques drives and controls handbook, 2. Aufl. The Institution of Engineering and Technology, London
9. Gißler J (2005) Elektrische Direktantriebe: Vorteile der Direktantriebstechnik praktisch nutzen. Franzis Verlag, Poing
10. http://www.wikipedia.de
11. SICK STEGMANN GmbH (2008) HIPERFACE-Beschreibung – Description of the HIPERFACE Interface. Firmenschrift Nr. 8010701
12. SICK AG (2011) HIPERFACE DSL Beschreibung. Firmenschrift Nr. 8013610

Abkürzungen

Tab. 1 allgemeine Abkürzungen

Abkürzung	Bedeutung
dt.	deutsch
engl.	englisch
etc.	et cetera (entspricht usw.)
franz.	französisch
u. a.	unter anderem
ugs.	umgangssprachlich
usw.	und so weiter
vgl.	Vergleiche
z. B.	zum Beispiel

Tab. 2 Fachspezifische Abkürzungen

Abkürzung	Bedeutung (dt.)	Bedeutung (engl.)
ADC	Analog-Digital-Wandler	analog-to-digital converter
AqB	A-Quadratur-B	A quad B
AMR	anisotroper magnetischer Widerstand	anisotrope magneto resistive
ASIC	anwendungsspezifischer integrierter Schaltkreis	application specific integrated circuit
ASM	Asynchronmotor	asynchronous motor
ASSP	anwendungsspezifisches Standardprodukt	application specific standard product

(Fortsetzung)

© Springer Fachmedien Wiesbaden 2016
S. Basler, *Encoder und Motor-Feedback-Systeme*,
DOI 10.1007/978-3-658-12844-9

Tab. 2 (Fortsetzung)

Abkürzung	Bedeutung (dt.)	Bedeutung (engl.)
Baud	Bit pro Sekunde	bit per second
BCD	binär-codierte Dezimalzahl	binary coded decimal
BiSS	bidirektional, seriell, synchron	binary, serial, synchronous
BLAC	bürstenlos Wechselstrom	brush-less alternating current
BLDC	bürstenlos Gleichstrom	brush-less direct current
CAN	Mikrocontrollernetzwerk	controller area network
CMOS	sich ergänzender Metall-Oxid-Halbleiter	complementary metal-oxide-semiconductor
CNC	computerisierte numerische Steuerung	computerized numerical control
CORDIC	digitaler Rechner für die Koordinatenrotation	coordinate rotation digital computer
DAC	Digital-Analog-Wandler	digital-to-analog converter
DC_{avg}	Mittelwert des Diagnosedeckungsgrades	diagnostic coverage
DNL	Differenzielle Nichtlinearität	differential non-linearity
DSP	digitaler Signalprozessor	digital signal processor
EEPROM	elektrisch löschbarer programmierbarer Lesespeicher	electrically erasable programmable read-only memory
EMK	elektromotorische Kraft	electromotive force
EN	europäischer Standard	European standard
EnDat	Encoder Data Interface	encoder data interface
FPGA	im Feld programmierbare Gatteranordnung	field programmable gate array
FR4	Flammenhemmender Verbundwerkstoff Klasse 4	flame retardant class 4
FRAM	ferroelektrischer frei lesbarer Speicher	ferroelectric random access memory
GMR	Riesenmagnetowiderstand	giant magneto resistance
HIPERFACE	hoch performante Schnittstelle	High Performance Interface
HIPERFACE DSL	HIPERFACE digitale Servo Verbindung	HIPERFACE digital servo link
HVAC	Heizung, Lüftung, Klimaanlage	heating, ventilating and air conditioning
INL	integrale Nichtlinearität	integral non-linearity

(Fortsetzung)

Tab. 2 (Fortsetzung)

Abkürzung	Bedeutung (dt.)	Bedeutung (engl.)
I²C	Bus für Kommunikation zwischen integrierten Schaltkreisen	inter integrated circuit bus
IP	International Schutzklasse	international protection (code)
ISO-OSI	Internationale Organisation für Standardisierung – Verbindung offener Systeme	International Organization for Standardisation – Open Systems Interconnection
LABS	Lackbenetzungsstörende Substanzen	varnish wettability disruptive substances
LED	Leuchtdiode	light emitting diode
MFB	Motor-Feedback-System	motor feedback system
MR	Magnetowiderstand	magneto resistive
MTTF$_d$	Erwartungswert der mittleren Zeit zum gefährlichen Ausfall	mean time to dangerous failure
NPN	Bipolartransistor mit npn-Dotierung	bipolar transistor with npn-doping
PFH$_d$	Wahrscheinlichkeit eines gefahrbringenden Ausfalls pro Stunde	probability of dangerous failure per hour
PL	sicherheitsgerichteter Performanzstufe	performance level
PMSM	Permanentmagnet erregter Synchronmotor	permanent magnet synchronous motor
ppm	Teile pro Million	parts per Million
PPR	Perioden pro Umdrehung (auch Pulse pro Umdrehung)	periods per revolution (also pulses per revolution)
PRC	pseudo-zufälliger Code	pseudo random code
PT$_1$	Proportionales Übertragungsglied mit Verzögerung erster Ordnung	proportional transfer block with first order delay
PUR	Polyurethan	polyurethane
PVC	Polyvinylchlorid	polyvinyl chloride
PWM	Pulsweitenmodulation	pulse width modulation
RDC	Resolver-Digital-Wandler	resolver-to-digital converter
rpm	Umdrehungen pro Minute	revolutions per minute
SDC	Sinus/Cosinus-Digital-Wandler	sine/cosine-to digital converter
SIL	Sicherheitsanforderungsstufe	safety integrity level

(Fortsetzung)

Tab. 2 (Fortsetzung)

Abkürzung	Bedeutung (dt.)	Bedeutung (engl.)
SILCL	Anspruchsgrenze für Sicherheitsanforderungsstufe	SIL claim limit
SPI	serielle Schnittstelle für Peripheriebausteine	serial peripheral interface
SSI	synchrone serielle Schnittstelle	serial synchronous interface
SynRM	synchroner Reluktanzmotor	synchronous reluctance motor
TMR	magnetischer Tunnelwiderstand	tunnel magneto resistance
UPM	Umdrehungen pro Minute	revolutions per minute
UPS	Umdrehungen pro Sekunde	revolutions per second
VCSEL	oberflächenemittierender Laser	vertical cavity surface emitting LASER
xMR	beliebiger Magnetowiderstand	arbitrary magnetic resistance

Weiterführende Literatur

Bähr A (2004) Speed acquisition methods for high-bandwidth servo drives. Dissertation, Technische Universität Darmstadt

Brasseur G, Fulmek PL, Smetana W (2000) Virtual rotor grounding of capacitive angular position sensors. IEEE Trans Instrum Meas 49(5):1108–1111

Braun J (2012) maxon academy Formelsammlung. Verlag maxon academy, Sachseln

Ferrari V, Ghisla A, Marioli D, Taroni A (2006) Capacitive angular-position sensor with electrically floating conductive rotor and measurement redundancy. IEEE Trans Instrum Meas 55(2):514–520

Gasulla M, Li X, Meijer GCM, van der Ham L, Spronck JW (2003) A contactless capacitive angular-position sensor. IEEE Sens J 3(5):607–614

George B, Mohan NM, Kumar VJ (2006) A linear variable differential capacitive transducer for sensing planar angles. In: IMTC 2006 conference, Sorrento, 2006, S. 2070–2075

Happacher M (1994) Drehgeber der neuen Generation – Das Prinzip: die mathematische Wasseruhr. Elektronik 16:28 ff

Hoffmann J (2000) Taschenbuch der Messtechnik, 2. Aufl. Fachbuchverlag Leipzig, München

Johnson M (2003) Photodetection and measurement: maximising performance in optical systems. McGraw-Hill, New York

Kennel R (2005) Encoders for simultaneous sensing of position and speed in electrical drives with digital control. In: 40th IEEE IAS 2005 annual meeting, Kowloon, 2–6 Oct 2005

Krah JO, Schmirgel H (2007) FPGA based sine-cosine encoder feedback processing for servo drive applications. PCIM 2007, Power Conversion Intelligent Motion Conference, Nürnberg

Mutschler R, Dachroth M (2003) Optischer MiDi-Encoder mit zentrischer Abtastung. Sick Stegmann GmbH – Sonderdruck 8 010 944/11-04

Nihtianov S, Luque A (Hrsg) (2014) Smart sensors and MEMS – intelligent devices and microsystems for industrial applications. Woodhead Publishing, Cambridge

N.N. (2003) Der Brockhaus Naturwissenschaft und Technik. Verlag F.A. Brockhaus und Spektrum Akademischer Verlag, Mannheim/Heidelberg

© Springer Fachmedien Wiesbaden 2016
S. Basler, *Encoder und Motor-Feedback-Systeme*,
DOI 10.1007/978-3-658-12844-9

N.N. (1993) DIN 32878: Drehwinkelmeßsysteme mit codierter und inkrementaler Erfassung der Meßgröße; Begriffe, Anforderungen, Prüfung. Ausgabedatum: 1993-06, zwischenzeitlich zurückgezogen

N.N. (2008) Leitfaden Drehgeber – Begriffe und Kenngrößen. Publikation des ZVEI – Zentralverband Elektrotechnik- und Elektronikindustrie e.V., Fachverband Automation

Vogel H (1997) Gerthsen Physik, 19. Aufl. Springer, Berlin

http://www.wikipedia.de

Stichwortverzeichnis

© Springer Fachmedien Wiesbaden 2016
S. Basler, *Encoder und Motor-Feedback-Systeme*,
DOI 10.1007/978-3-658-12844-9

Printed in the United States
By Bookmasters